建筑外墙外保温技术导则

RISN-TG001-2005

建设部标准定额研究所　编

中国建筑工业出版社

2005 北 京

图书在版编目（CIP）数据

建筑外墙外保温技术导则/建设部标准定额研究所编.
北京:中国建筑工业出版社，2006
(技术导则)
ISBN 978-7-112-08141-7

Ⅰ.建… Ⅱ.建… Ⅲ.建筑物－外墙－保温－技术－规程 Ⅳ.TU111.4-65

中国版本图书馆 CIP 数据核字（2006）第 022410 号

建筑外墙外保温技术导则

RISN－TG001－2005

建设部标准定额研究所 编

*

中国建筑工业出版社出版、发行（北京西郊百万庄）
各地新华书店、建筑书店经销
北京密云红光制版公司制版
北京市兴顺印刷厂印刷

*

开本：850×1168 毫米 1/32 印张：6⅜ 字数：169 千字
2006 年 5 月第一版 2008 年 5 月第五次印刷
印数：14,001—15,500 册 定价：**18.00** 元
ISBN 978-7-112-08141-7
(14095)

(邮政编码 100037)
本社网址：http://www.cabp.com.cn
网上书店：http://www.china-building.com.cn

为规范建筑外墙外保温工程选材和施工，保证工程质量，实现建筑物的节能目标，建设部于2005年1月批准发布了行业标准《外墙外保温工程技术规程》(JGJ 144－2004)。该规程对膨胀聚苯乙烯板应用于外墙外保温的四种系统和聚苯颗粒胶粉料外保温系统的性能要求、设计、施工与检验等作了明确的规定。该规程的颁布实施，一方面可以通过借鉴国外外保温的成熟经验指导我国外保温技术的研发；另一方面可以指导企业按要求进行生产和施工，从而有效控制外墙外保温工程质量，促进外保温行业的健康发展，从而推动我国建筑节能的发展。

为了配合《规程》的实施，指导工程技术人员和有关管理人员更好地应用标准和进行工程实践，编写了本导则。导则中除了详细介绍了《规程》所推荐的5种系统外，还增加了现场喷涂硬泡聚氨酯外墙外保温系统、岩棉外墙外保温系统、胶粉聚苯颗粒贴砌聚苯板外墙外保温系统和XPS板薄抹灰外保温系统，以便为工程实践提供更多的选择，更好地满足建筑节能发展的需要。

本书可供建筑工程设计、施工、产品研发等相关专业技术人员参考使用。

*　*　*

责任编辑：孙玉珍
责任设计：崔兰萍
责任校对：关　健　张　虹

《建筑外墙外保温技术导则》编写委员名单

主任委员： 李　铮

副主任委员： 张庆风　陈国义

编　　委： 杨西伟　林常青　雷丽英　李晓明
黄振利　邸占英　王英顺　王　稚

《建筑外墙外保温技术导则》参编单位名单

建设部科技发展促进中心
中国建筑标准设计研究院
北京振利高新技术公司
北京亿丰豪斯沃尔公司
山东龙新建材股份有限公司
欧文斯科宁（中国）有限公司

《建筑外墙外保温技术导则》审核专家名单

顾同增　王庆生　冯金秋

前　言

工程建设标准是建设领域实行科学管理、强化政府宏观调控的基础和手段，对规范建设市场各方主体行为、确保建设工程安全和质量、促进建设工程技术进步、提高建设工程经济效益与社会效益等具有重要作用。

近年来，随着我国社会主义市场经济体制的建立和不断完善，以及加入世界贸易组织的实际需要，作为工程建设标准化的直接成果，已发布数千项工程建设标准，基本覆盖了工程建设各领域、各环节，规范并指导着建设活动各方的技术行为和管理行为。但同时，由于建设领域科学技术迅速发展、建设经验的不断积累、建设活动的复杂性以及标准制定条件的限制，现行标准还不能及时并全面地为建设活动各方尤其是广大工程技术与管理人员提供指导。

我所作为建设部工程建设标准化研究与组织机构，在长期标准化研究与管理经验的基础上，结合工程建设标准化改革实践，组织国内外相关领域的权威机构和人员，通过严谨的研究与编制程序，为推进建设科技新成果的实际应用，促进工程建设标准的准确实施，引导建设技术发展方向，拓展工程建设标准化外衍成果，将陆续推出各专业领域的系列《技术导则》，以作为指导广大工程技术与管理人员建设实践活动的重要参考。

《建筑外墙外保温技术导则》是该系列《技术导则》之一，编号 RISN-TG001-2005，内容包括：建筑节能概述、外墙保温技术发展与现状、各种外墙外保温系统的实施技术、《外墙外保温工程技术规程》JGJ 144－2004 实施指南以及工程实例等。

该系列《技术导则》及内容均不能作为使用者规避或免除相关义务与责任的依据。

建设部标准定额研究所
2005年12月

目　录

1 概　　述

1.1　建筑节能面临的形势与任务

近10年来，随着城镇化建设的加快和人民生活水平的提高，居民对室内居住环境的要求不断提高，冬季采暖和夏季制冷的范围不断扩大，从而导致我国建筑能耗总量不断增加，在全社会终端能源消耗中所占比例也逐步提高（图1.1-1）。

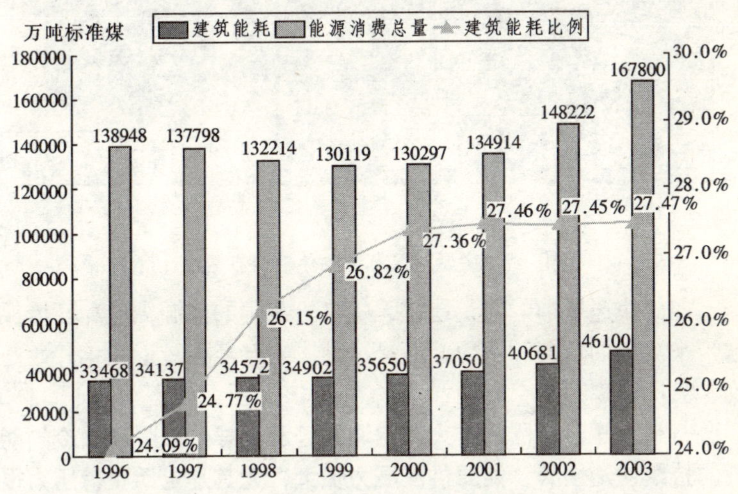

图1.1-1　近年来建筑能耗和社会能源消费总量的变化

由图1.1-1可以看出，从1996年到2003年，我国建筑每年消耗的能源总量增长迅速，由1996年的3.35亿万吨标准煤猛增到2003年的4.61亿万吨标准煤，增幅高达37.6%，远远高于社会能源消费总量的增幅（约20.8%）。其在全社会终端能源消耗总量中所占的比例也由24.09%上升到27.47%。

而与此同时，我国目前正处于大规模的建筑建设时期。2000年以来，全国每年新建房屋都超过了18亿m^2，2003年达到了20.26亿m^2。城镇民用建筑保有量每年净增8~9亿m^2，其中住宅保有量每年净增7亿m^2（图1.1-2）。因此随着民用建筑保有量的增加和人民生活质量的进一步改善，建筑能耗还会持续上升。按照发达国家的经验，我国建筑能耗在社会总能耗中所占比例最终将达到35%左右。

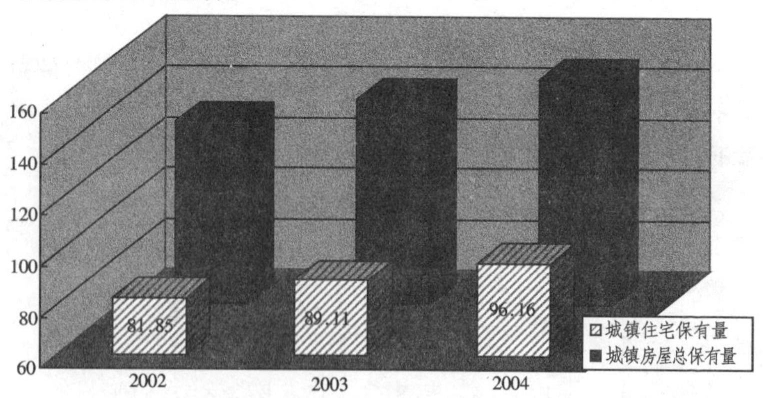

图1.1-2 全国城镇房屋总保有量和住宅保有量统计（亿m^2）

如此快速增加的建筑能耗无疑将给我国的能源供应和环境保护带来沉重的负担和压力，而且这种影响已经在最近几年开始凸现，突出表现在两个方面：

一是采暖区范围的扩大和空调的普及，导致采暖和制冷的能耗的持续快速增长，能源供应压力很大，尤其是电网负荷压力很大，严重影响到社会生产和居民生活的正常进行。统计数据显示，上海市2004年夏季最高用电负荷达到1500万kWh，几乎是1993年的3倍（图1.1-3）。

2004年全国供电持续紧张，拉限电范围进一步扩大，到7月底，全国共有24个省级电网拉限电，仅国家电网公司系统就累计拉限电80多万次，损失电量224.17亿kWh。原因之一就是

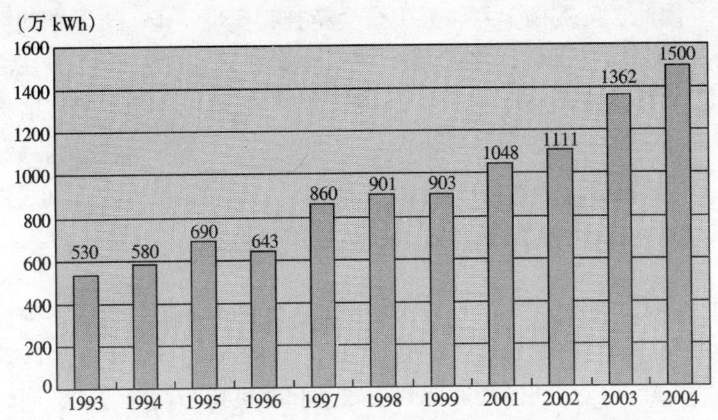

图 1.1-3 1993～2004 年上海市夏季最高用电负荷增长趋势

空调制冷电耗导致电网负荷增大。统计表明，北京、上海两市的空调用电负荷占当地电网峰值的 1/3 以上，空调制冷造成了巨大的供电压力。2002 年全国各电网空调制冷负荷共达 4500 万 kWh，相当于 2.5 个三峡水电站的满负荷出力。

二是建筑能耗的增加导致了严重的大气污染，尤其是北方地区冬季燃煤采暖排放的 CO_2、SO_2、NO_x 和粉尘等污染物，造成该地区城市的空气质量严重下降，危及到居民的健康。有研究表明，建筑用能对全国温室气体排放的贡献率在 25%左右。

党中央、国务院一直高度重视资源节约和环境保护工作。十六届五中全会和“中共中央关于制定国民经济和社会发展第十一个五年规划的建议”中明确提出：“十一五”时期我国的经济社会将在优化结构、提高效益和降低消耗的基础上，实现 2010 年人均国内生产总值比 2000 年翻一番；资源利用效率要显著提高，单位国内生产总值能源消耗比“十五”期末要降低 20%左右；要加快建设资源节约型、环境友好型社会，大力发展循环经济，加大环境保护力度，切实保护好自然生态，认真解决影响经济社会发展特别是严重危害人民健康的突出的环境问题，在全社会形成资源节约的增长方式和健康文明的消费模式。

因此，为贯彻十六届五中全会精神，实现“十一五”期间的经济社会发展目标，建设领域深入开展建筑节能工作已势在必行，而且是要在不断提高居民居住条件和室内热舒适度的前提下，减少建筑物的能源消耗。

1.2 建筑节能的进展

为缓解建筑能耗增长过快和由此引发的能源供应紧张，确保国民经济的可持续发展，我国于20世纪80年代就着手开展建筑节能工作，以达到提高能源利用效率和建筑物的热舒适度、同时减少能源消耗和CO_2排放的目的。经过20多年的努力，取得了多方面的进展。

一是出台了一系列的政策、法规和规划，如《节约能源法》、《建筑法》和《民用建筑节能管理规定》等，对建筑节能都有专门的规定和明确的要求；1995年和2000年分别制定了建筑节能“九五”和“十五”规划，对建筑节能的发展目标、主要任务和措施都做出了部署。

二是制定了一系列的标准，初步形成了建筑节能的标准体系。1986年我国颁布实施第一本《民用建筑节能设计标准（采暖居住建筑部分)》，即节能30%标准，1995年进行了修订，即节能50%标准；随后又相继颁布了《夏热冬冷地区居住建筑节能设计标准》（2001年)、《夏热冬暖地区居住建筑节能设计标准》(2003年)、《公共建筑节能设计标准》（2005年）和《建筑照明设计标准》(2004年）等。这些标准的实施，为我国建筑节能工作的开展提供了技术依据。

三是建筑节能技术和产品的研发得到加强，特别是在建筑外墙、屋顶和门窗的保温隔热以及采暖系统等方面，许多科研成果已经转化为生产力，使建筑围护结构的保温隔热性能和供热采暖系统的效率得到大幅度提高，建筑节能产业化取得长足进步。

四是以试点示范工程为载体，推广节能建筑。从1999年建设部开始组织建筑节能试点示范工程（小区）的立项、实施以来，先后有50多个项目被批准立项，总建筑面积约500万m^2。通过实施建筑节能试点示范工程，有力地推动了各地建筑节能的发展，北京、天津更是提前实施节能65%的标准。

1.3 国内外节能标准对比

尽管我国开展了20余年的建筑节能工作，并且取得了一定的成效。但是与国外一些建筑节能开展较好的国家相比，差距还是很大的，主要表现在建筑围护结构热工性能差、单位面积采暖能耗高（表1.3）。

表1.3 国内外标准中建筑围护结构传热系数限值比较 ［单位：W/（m^2·℃）］

<table>
<tr><th colspan="2">国家和地区</th><th>屋 顶</th><th>外 墙</th><th>窗 户</th></tr>
<tr><td rowspan="2">中国</td><td>北京居住建筑</td><td>0.60
0.80</td><td>0.82
1.16</td><td>3.50</td></tr>
<tr><td>夏热冬冷地区居住建筑</td><td>0.8～1.0</td><td>1.0～1.5</td><td>2.5～4.7</td></tr>
<tr><td colspan="2">英 国</td><td>0.16</td><td>0.35</td><td>2.0</td></tr>
<tr><td colspan="2">德 国</td><td>0.20</td><td>0.20、0.30</td><td>2.0</td></tr>
<tr><td colspan="2">美国（与北京气候相近的地区）</td><td>0.19</td><td>0.32（内保温）
0.45（外保温）</td><td>2.04</td></tr>
<tr><td colspan="2">加拿大</td><td>0.23～0.40</td><td>0.36</td><td>2.86</td></tr>
<tr><td colspan="2">日本北海道</td><td>0.23</td><td>0.42</td><td>2.33</td></tr>
<tr><td colspan="2">瑞典（南部）</td><td>0.12</td><td>0.17</td><td>2.50</td></tr>
<tr><td colspan="2">俄罗斯（与北京气候相近的地区）</td><td>0.33～0.57</td><td>0.44～0.77</td><td>2.75</td></tr>
</table>

从表1.3可以看出，即使全面执行建筑节能设计标准，我国建筑围护结构的热工性能仍比较落后。事实上，我国目前建筑节能设计标准执行率很低，最新的调研结果显示，实际在施工过程中执行节能设计标准的居住建筑，北方地区的比例为50%，夏

热冬冷地区的比例为14%，这就造成我国绝大多数建筑和发达国家之间的差距要比表1.3所反映的还要大得多。大体上说，目前我国的建筑外墙和屋顶单位面积能耗是发达国家的3~5倍，窗户能耗是其2~3倍，由此造成我国的建筑采暖和空调能耗比发达国家高出很多。

对北方住宅集中供暖的能耗抽样调查显示，我国单位建筑面积的年实际采暖能耗约22~48千克标准煤/m^2。而纬度差不多的德国，其2001年的采暖能耗指标是3.7~8.6千克标准煤/m^2。需要注意的是，我国一般是室外温度低到5~10℃时才开始供暖，而发达国家天气渐冷到感觉不适时即行供暖，采暖期较长；我国的供暖基准温度一般为16℃，有的为18℃，而发达国家供暖温度一般为18~22℃。我国供暖温度每提高1℃，采暖能耗需增加2千克标准煤/m^2，也就是说如果我国一般居住建筑采暖温度达到发达国家水平，单位面积的能耗还要增加。

1.4 我国建筑围护结构节能技术发展与现状

从20世纪80年代开始开展建筑节能以来，围护结构的保温隔热技术就一直是国内的生产企业和科研院所研发的重点，也是从国外引进先进技术的重点领域。经过20多年的发展，我国的外墙、屋顶和地面等方面的保温隔热技术取得了长足的进步，通过自主研发或通过引进，开发出了多种新型节能材料，如蒸压灰砂砖、蒸压粉煤灰砖、多孔砖、加气混凝土、空心砌块等等。这些新型材料在开展建筑节能初期，作为单一的节能墙体，对建筑物节能性能的提高起到了显著的作用。

随着建筑节能的深入和要求的提高，单一的节能墙体逐渐地不能满足节能标准的要求，于是产生了复合节能墙体。复合节能墙体就是由基层墙体再辅以轻质高效保温材料构成，其中基层墙体可以是传统的黏土砖墙和混凝土墙等，也可以是上述各种新型材料砌筑的轻型墙体。复合墙体按照保温材料位置的不同，分为外墙内保温、外墙外保温和夹芯墙，其中外墙内保温技术和外保温技术是大量采用的技术，在建筑节能开展的不同历史阶段，二者先后发挥了重要作用，而且外保温技术到目前为止，依然是最主要的外墙保温技术。

外墙内保温技术由于具有对材料性能要求不高、便于施工和成本较低等优点，因而一度得到广泛的应用。但随着节能标准对外墙保温要求的提高，以及内保温容易产生“热桥”和不便于二次装修等缺陷逐步被发现，其应用受到了限制。而外保温技术由于能够避免“热桥”、保护主体结构和扩大室内空间等优点，于是迅速地发展起来，成为目前我国建筑外墙保温的主要技术措施。目前的外墙外保温技术采用的轻质高效保温材料包括膨胀聚苯乙烯板（EPS）、挤塑聚苯乙烯板（XPS）、硬质聚氨酯泡沫、岩棉等。同样的保温材料，由于做法和构造的不同，而形成了不同的保温体系，例如以 EPS 为主要保温材料的就包括薄抹灰外墙外保温系统、胶粉 EPS 颗粒保温浆料外墙外保温系统、EPS 板现浇混凝土外墙外保温系统等。经过近 10 年的发展，我国已经形成了一批较为成熟和完善的外墙外保温技术体系，并且在实际工程中得到广泛的应用，取得了良好的节能效果，使建筑外围护结构的保温隔热性能得到了大幅度提高。

尽管目前我国已经形成了一批技术上较为完善和可靠的外保温体系，但是由于我国目前大规模的房屋建设，对建筑围护结构节能技术与材料的需要量很大，因此就出现了节能技术和材料尚不能完全满足建筑节能需要的矛盾，导致一些工程采用的技术和材料质量不过关或者施工工艺有缺陷，甚至某些工程在施工过程中偷工减料或以次充好。这些不规范、不完善的做法最终造成外墙外保温系统产生开裂、剥落甚至整体脱落等质量事故，严重影响节能效果。

1.5 制定标准，规范施工

为规范建筑外墙外保温工程选材和施工，保证工程质量，实现建筑物的节能目标，建设部于2005年1月批准发布了行业标准《外墙外保温工程技术规程》JGJ 144－2004以下简称为《规程》。该规程对膨胀聚苯乙烯板应用于外墙外保温的四种系统和聚苯颗粒胶粉料外保温系统的性能要求、设计、施工与检验等作了明确的规定。该规程的颁布实施，一方面可以通过借鉴国外外保温的成熟经验指导我国外保温技术的研发；另一方面可以指导企业按要求进行生产和施工，从而有效控制外墙外保温工程质量，促进外保温行业的健康发展，从而推动我国建筑节能的发展。

为了配合《规程》的实施，指导工程技术人员和有关管理人员更好地应用标准和进行工程实践，编写了本导则。导则中除详细介绍了《规程》所推荐的5种系统外，还增加了现场喷涂硬泡聚氨酯外墙外保温系统、岩棉外墙外保温系统、胶粉聚苯颗粒贴砌聚苯板外墙外保温系统和XPS板薄抹灰外保温系统，以便为工程实践提供更多的选择、更好地满足建筑节能发展的需要。

2 外墙保温技术发展与现状

2.1 围护结构保温隔热技术

围护结构的保温隔热（主要包括外墙、屋面、门窗等）是建筑节能设计的重要环节，是降低建筑物采暖耗能的必要措施。各部位的传热耗热量在不同节能阶段占耗热量指标是不同的，随着对建筑物节能要求提高，围护结构各部位的耗热量分布比例变化也越大（表 2.1）。因此，在不同的节能阶段，根据围护结构各部位的耗热量分布采取相应的节能措施，以降低其传热耗热量，确保总体建筑的总传热耗热量要求。

表 2.1 围护结构各部位耗热量分布情况

部 位	外墙（%）	外窗（%）	屋面（%）	其他部位*（%）	空气渗透（%）	总传热耗热量（W/m^2）	耗热量指标（W/m^2）
80 住 2-4	25.5	23.7	8.6	19.2	23.0	27.43	31.8
节能 50%	27.5	18.9	7.9	24.7	21.0	19.26	20.6
节能 65%	16.8	16.9	5.9	32.6	27.8	13.32	14.6

注：* 其他部位：包括楼梯间隔墙、户门、阳台门下部、地面。

在我国的住宅建设中，围护结构的保温隔热采用的主要材料、设备和技术与国外并无大的区别，如建筑结构施工采用预拌混凝土、混凝土承重砌块和轻骨料砌块，对外围护结构（包括墙体、屋面、外窗、楼、地面以及不采暖楼梯间隔墙、户门、阳台门下部等部位）采取保温隔热措施。

2.1.1 屋面

屋面节能就是通过改善屋面的热工性能阻止热量的传递。主要措施有保温屋面（用高效保温隔热材料做外保温或内保温）、加贴绝热反射膜的“凉帽”屋面、架空通风屋面、蓄水屋面、坡屋面、绿化屋面等。

屋面保温可采用板状高效保温材料或加贴绝热反射膜的保温材料、整体现喷保温材料做保温层。封闭式保温层的含水率应相当于该材料在当地自然风干状态下的平衡含水率。

屋面隔热可采用架空、蓄水、种植或加贴绝热反射膜的隔热层。但当屋面防水等级为Ⅰ级、Ⅱ级时，或在寒冷地区、地震地区和振动较大的建筑物上，不宜采用蓄水屋面；架空屋面宜在通风较好的建筑物上采用，不宜在寒冷地区采用；种植屋面根据地域、气候、建筑环境、建筑功能等条件，选择相适应的屋面构造形式。

2.1.2 门窗

窗户节能技术主要从减少渗透、传热和太阳辐射能三个方面进行。减少渗透量可以减少室内外冷热气流的直接交换而增加的设备负荷，可通过采用密封材料增加窗户的气密性；减少传热量是防止室内外温差的存在而引起的热量传递，建筑物的窗户由镶嵌材料（玻璃）和窗框、扇型材组成，通过采用节能玻璃（如中空玻璃、热反射玻璃等）、节能型窗框（如塑性窗框、隔热铝型框等）来增大窗户的整体传热阻以减少传热量；在南方地区太阳辐射非常强烈，通过窗户传递的辐射热占主要地位，因此可通过遮阳设施（外遮阳、内遮阳等）及高遮蔽系数的镶嵌材料（如Low-e 玻璃）来减少太阳辐射量。目前节能门窗主要有塑钢窗、玻璃钢窗、断桥的铝合金窗和其他形式的保温隔热门窗等。

2.1.3 楼、地面

楼、地面的保温隔热包括不采暖地下室顶板作为首层的保温隔热，楼板下方为室外气温情况的楼、地面的保温隔热。以及随着采暖方式和收费体制的改变，按户计量收费势在必行。对于户与户之间的保温隔热要求也随之产生，这样就增加了上下楼层之间的楼面。

目前楼、地面的保温隔热技术一般分两种，普通的楼面在楼板的下方粘贴膨胀聚苯板或其他高效保温材料后吊顶；另一种采用地板辐射采暖的楼、地面，在楼、地面基层完成后，在该基层上先铺保温材料，而后将交联聚乙烯、聚丁烯、改性聚丙烯或铝塑复合等材料制成的管道，按一定的间距，双向循环的盘曲方式固定在保温材料上，然后回填豆石混凝土，经平整振实后，就在其上铺地板。

2.2 外墙保温隔热技术

正如第一章所提到的，我国自1986年实施《民用建筑节能设计标准（采暖居住建筑部分）》后，相继研制开发了多种节能型墙体以及将轻质高效保温材料与外墙体相结合的复合墙体，大大提高了外墙的保温隔热效果。复合节能墙体在欧洲、美国等地已得到广泛的应用，目前在我国也逐渐成为一种主要的节能型外墙。

2.2.1 外墙保温隔热技术种类

复合墙体按照保温材料设置位置的不同，分为外墙内保温、夹芯保温墙体和外保温。

2.2.1.1 外墙内保温技术

外墙内保温是将保温材料置于外墙体的内侧。对于外墙来说，由多孔轻质保温材料构成的轻型墙体（如彩色钢板聚苯或聚氨酯泡沫夹芯墙体）或多孔轻质保温材料内保温墙体，其传热系数 K 值可能较小，或其传热阻 R_0 值可能较大，亦即其保温性能可能较好；但因其是轻质墙体，热稳定性较差，或因其是轻质保温材料内保温墙体，其内侧的热稳定性较差，在夏季室外综合温度和室内空气温度波作用下，内表面温度容易升得较高，亦即其隔热性能可能较差。

它的优点在于：①它对饰面和保温材料的防水、耐候性等技术指标的要求不太高，纸面石膏板、石膏抹面砂浆等均可满足使用要求，取材方便；②内保温材料被楼板所分隔，仅在一个层高范围内施工，不需搭设脚手架；③第一阶段的“节能标准”对外墙的保温隔热性能要求尚不高，内保温可以满足要求；④对于既有建筑的节能改造，特别是目前当房屋卖给个人后，整栋楼或整个小区统一改造有困难时，只有采用内保温的可能性大一些。因此，近几年，外墙内保温也得到广泛的应用。

但是，在多年的实践中，外墙内保温也暴露出一些缺陷，如：①许多种类的内保温做法，由于材料、构造、施工等原因，饰面层出现开裂；②不便于用户二次装修和吊挂饰物；③占用室内使用空间；④由于圈梁、楼板、构造柱等会引起热桥，热损失较大，容易造成结露现象；⑤对既有建筑进行节能改造时，对居民的日常生活干扰较大。因此，随着我国进入建筑节能的第二阶段，对外墙保温的要求进一步提高，特别是既有建筑的节能改造开始提到议事日程以后，外墙内保温的使用受到了限制。

2.2.1.2　外墙夹芯保温技术

外墙夹芯保温技术是将保温材料置于同一外墙的内、外侧墙片之间，内、外叶墙片均可采用传统的黏土砖、混凝土空心砌块等，其优点有：①这些传统材料的防水、耐候等性能均良好，对内叶墙片和保温材料形成有效的保护，对保温材料的选材要求不高，聚苯乙烯、玻璃棉、岩棉等各种材料均可使用；②对施工季节和施工条件的要求不十分高，不影响冬期施工。近年来，在黑龙江、内蒙古、甘肃北部等严寒地区得到一定的应用。

但是也存在一些缺点：①在非严寒地区，与传统墙体相比，此类墙体偏厚；②内、外叶墙片之间需有连接件连接，构造较传统墙体复杂；③外围护结构的“热桥”较多。在地震区，建筑中圈梁和构造柱的设置，“热桥”更多，保温材料的效率仍然得不到充分的发挥。因此，它的使用也受到一些限制。

2.2.1.3 外墙外保温技术

与其他外墙保温隔热技术相比，外墙外保温的优点有：①适用范围广，适用于不同气候地区的建筑保温；②保温隔热效果明显，建筑物外围护结构的“热桥”少，影响也小；③能保护主体结构，大大减少了自然界温度、湿度、紫外线等对主体结构的影响；④有利于改善室内环境；⑤扩大室内的使用空间，与内保温相比，每户使用面积约增加 1.3~1.8m^2；⑥利于旧房改造，对人们的日常生活干扰少一些；⑦便于丰富美化外立面。

由此可见，在以上三种外墙保温技术中，外墙外保温是较好的一种方案。在《中国节能技术政策大纲》中，也明确指出，“重点推广外保温墙体”。近年来，在北京、沈阳、哈尔滨、兰州等地，许多建筑相继采用外保温墙体，取得了许多经验。北京裕京花园的外保温墙体，自 1993 年建成后，至今已 12 年之久，保温效果良好，墙面无裂缝出现，还利用外保温做成许多装饰线脚，受到业内人士的瞩目。

2.2.2 保温隔热技术性能比较

2.2.2.1 内、外保温性能评价指标比较

现将几种典型的胶粉聚苯颗粒外保温和内保温墙体，其保温性能评价指标计算结果比较展示如下（表 2.2.2-1）。

表 2.2.2-1 几种典型外保温和内保温墙体保温性能评价指标计算结果

编号	外墙名称	保温层厚度 (mm)	外墙总厚度 (mm)	主体部位			外墙平均传热系数 K_m [W/(m^2·K)]
				热惰性指标 D	传热阻 R_0 [(m^2·K)/W]	传热系数 K_P [W/(m^2·K)]	
1	240mm 砖墙，胶粉聚苯颗粒外保温	30	295	3.98	0.93	1.08	1.14（1.40）
		40	305	4.15	1.08	0.93	0.97（1.26）

续表 2.2.2-1

编号	外墙名称	保温层厚度（mm）	外墙总厚度（mm）	主体部位			外墙平均传热系数 K_m [W/(m²·K)]
				热惰性指标 D	传热阻 R_0 [(m²·K)/W]	传热系数 K_P [W/(m²·K)]	
2	240mm 砖墙，胶粉聚苯颗粒内保温	50	315	4.32	1.23	0.81	0.75（1.06）
		60	325	4.50	1.39	0.72	0.75（1.06）
3	240mm 黏土多孔砖墙，胶粉聚苯颗粒外保温	30	295	4.07	1.04	0.96	1.05（1.30）
		40	305	4.24	1.19	0.84	0.90（1.18）
4	240mm 黏土多孔砖墙，胶粉聚苯颗粒内保温	50	315	4.41	1.35	0.74	0.79（1.07）
		60	325	4.59	1.49	0.67	0.71（1.00）
5	200mm 混凝土墙，胶粉聚苯颗粒外保温	30	235	2.48	0.72	1.38	1.38
		40	245	2.65	0.88	1.14	1.14
6	200mm 混凝土墙，胶粉聚苯颗粒内保温	50	255	2.82	1.03	0.97	0.99
		60	265	3.00	1.18	0.85	0.85
7	190mm 混凝土空心砌块墙，胶粉聚苯颗粒外保温	30	245	1.93	0.84	1.19	1.23（1.56）
		40	255	2.10	0.99	1.01	1.04（1.39）
8	190mm 混凝土空心砌块墙，胶粉聚苯颗粒内保温	50	265	2.27	1.14	0.88	0.90（1.27）
		60	275	2.45	1.30	0.77	0.79（1.17）

注：括号中数据为内保温墙体的外墙平均传热系数 K_m 值。

由表 2.2.2-1 可以看出，对于外墙主体部位，外保温和内保温墙体的传热系数 K_P 或传热阻 R_0 是相同的，亦即其保温性能无异。但是，由于墙体中有抗震柱、圈梁等周边热桥的影响，其

外墙平均传热系数 K_m 值有显著差异，亦即外保温墙体有显著优势。

2.2.2.2　隔热性能评价指标比较

将 240mm 砖墙，内侧 20mm 石灰砂浆抹灰外墙（西墙），及 180mm 混凝土墙，30mm 和 50mm 胶粉聚苯颗粒外保温和内保温外墙（西墙），在上海地区夏季室外和室内计算条件下，其内表面最高温度计算结果比较见表 2.2.2-2。

表 2.2.2-2　三种外墙隔热性能评价指标计算结果

编号	外墙名称	保温层厚度（mm）	外墙总厚度（mm）	主体部位						
				总热阻 R_0 [（m^2·K）/W]	热惰性指标 D	围护结构衰减倍数 v_o	围护结构延迟时间 ξ_o（h）	室内空气至内表面衰减倍数 v_i	室内空气至内表面延迟时间 ξ_i（h）	内表面最高温度（℃）$\theta_{i\cdot max}$
1	240mm 砖墙、内侧 20mm 石灰砂浆（西墙）	—	260	0.47	3.39	14.15	8.85	2.09	1.65	35.83
2	180mm 混凝土墙，30mm 胶粉聚苯颗粒外保温（西墙）	30	215	0.72	2.30	21.57	5.55	2.83	2.00	34.91
3	180mm 混凝土墙，30mm 和 50mm 胶粉聚苯颗粒内保温（西墙）	30	215	0.72	2.30	16.30	5.45	1.28	0.74	36.17
		50	235	1.03	2.68	25.40	6.25	1.20	0.59	35.94

由表 2.2.2-2 计算结果可以看出：目前隔热性能仅考虑外墙主体部位热工性能指标（如 R_0、D、v_o、ξ_o、v_i、ξ_i 等）的影响，而不考虑周边热桥部位的影响。240mm 砖墙，内侧 20mm 石灰砂浆抹灰的西向外墙，其内表面最高温度 $\theta_{i\cdot max}=35.83$℃，已低于上海地区夏季室外最高计算温度 $t_{e\cdot max}=36.1$℃，符合隔热要求；180mm

混凝土墙，30mm 胶粉聚苯颗粒外保温西向外墙，其 $\theta_{i\cdot max}$ = 34.91℃，符合夏季隔热要求；但 30mm 胶粉聚苯颗粒内保温西向外墙，其 $\theta_{i\cdot max}$ = 36.17℃，不符合夏季隔热要求；当胶粉聚苯颗粒内保温层厚度达到 50mm 时，其 $\theta_{i\cdot max}$ = 35.94℃，才能符合夏季隔热要求。可见，外保温墙体隔热性能的优势也是显著的。

2.2.2.3 墙体的湿度

墙体的湿度，在冬季一般要关闭外窗，主要来自人为因素，如起居、炊事、加湿等，室内湿度高；而夏季主要来自室外多雨、气压低湿度高等因素。水蒸汽通过墙体由蒸汽压高的一侧向低的一侧转移。对于不同形式保温的外墙，其构造各层的温度和湿度是不同的，当墙体的湿度增大，由于水的导热系数大于墙体材料的导热系数，会增加墙体的传热耗热量，而增加能耗。

(1) 在冬季，当室内的水蒸气压大于室外时，水蒸气通过外围护结构由室内向室外运动，当水蒸气通过墙体的某一材料层的水蒸气压超出了该点结露的饱和蒸汽压力，那么该处就会出现结露现象。室内相对湿度越高，持续时间越长，结露可能越严重，墙体的湿度也越严重。对于不同形式保温的外墙，其构造各层的温度和蒸汽压变化是不同的（图 2.2.2-1、图 2.2.2-2）。

在冬季，从图 2.2.2-1 外保温墙体的温度变化曲线显示，重质主体结构部分因处在室内一侧，内表面蓄热系数又大，整个主体结构为暖体。从水蒸气压变化曲线可见通过主体与保温层的水蒸气压均小于会结露的饱和蒸汽压，因此保温墙体不产生结露。当室外相对湿度较高时，有可能在外保温层的外侧出现少量结露现象，但因对保温层外侧的防护层的水蒸气渗透性是有要求的，也就是结露产生的水分是能蒸发出去的，加上室外经常受太阳辐射和风的影响，此处的水分较容易向室外转移而干燥，也就是室内的水蒸气通过墙体能转移出去，对建筑物的热损耗影响不大。而对于内保温墙体（图 2.2.2-2），主体结构部分处在室外一侧，其温度接近于室外温度，内保温层内表面蓄热系数小，水蒸气压超出结露的饱和压力处在保温层及其以外的墙体而产生结露。并

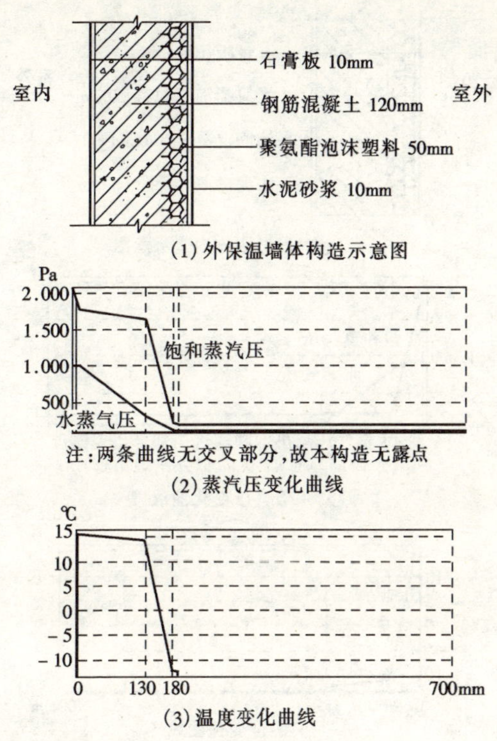

(1) 外保温墙体构造示意图

(2) 蒸汽压变化曲线

(3) 温度变化曲线

外保温墙体热工性能计算结果如下：

热阻为 1.775m^2·K/W，传热系数为 0.56W/（m^2·K）

热惰性指标为 2.02；内表面蓄热系数为 11.90W/（m^2·K）

外表面蓄热系数为 2.05W/（m^2·K）

图 2.2.2-1　外墙外保温构造各层温度和蒸汽压变化

且此处的结露会产生以下弊病：①发生在保温层结露，因室内相对湿度较高，空气流通较差，水分在整个采暖期可能保留在保温层中，引起保温层失效，使建筑物达不到设计保温效果；②长期结露，会霉变、变形；③主体结构部分温度极低，贮留的水分很难被蒸发，因冻融会造成结构的破坏。

(2) 在夏季多雨、“黄梅”天，室外的水蒸气压往往大于室内的水蒸气压，在关闭窗户的空调室内，水蒸气可能由墙体外部向内部渗透转移，墙体的湿度增加。对于不做外保温的墙体，外

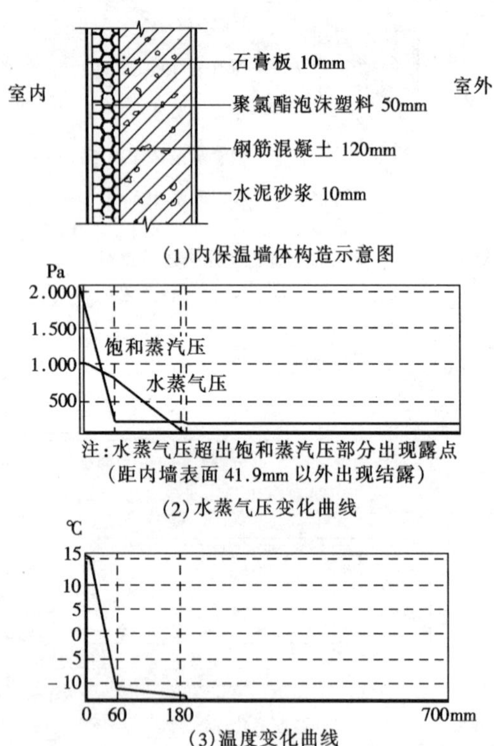

图 2.2.2-2 外墙内保温构造各层温度和蒸汽压变化

墙内外表面的温差大,露点处在外墙内侧,并向内侧扩散,造成内墙面潮湿发霉。当采用胶粉聚苯颗粒外墙外保温系统时,主体墙体的内外表面温差较小,而外墙外保温系统的外侧与内侧温差较大。当阴雨天气时,露点处在保温层中。而防水性能良好的界面砂浆层将阻止凝结水向主体墙体转移。但在晴好天气时,由于实际水蒸气分压力小于饱和水蒸气分压力,就不会发生结露现象。此时凝结在保温层中的水分会汽化形成水蒸气并向外部扩散(图 2.2.2-3、图 2.2.2-4)。

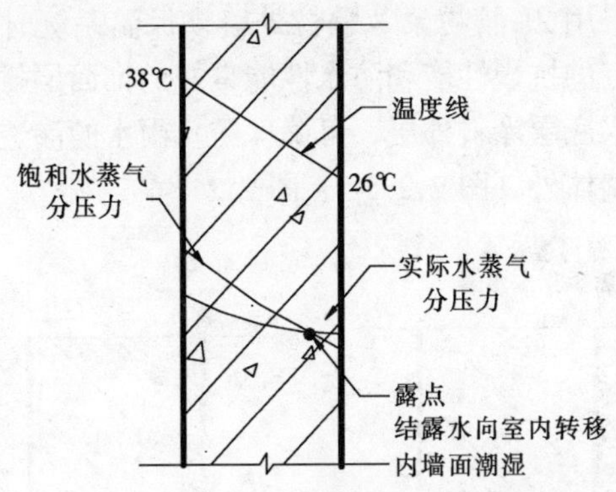

图 2.2.2-3　无保温墙体温度与水蒸气分压变化曲线和露点位置示意图

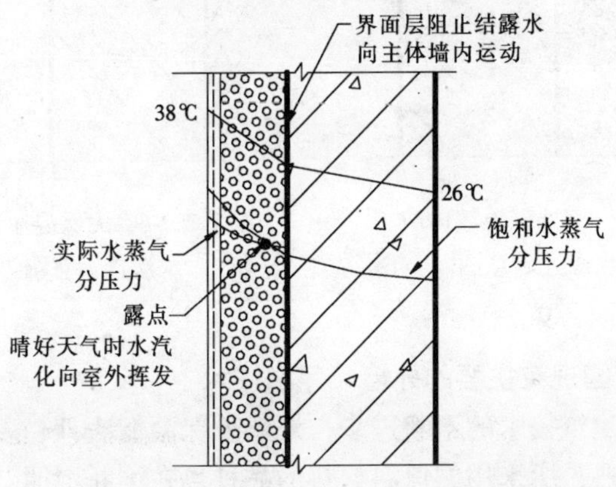

图 2.2.2-4　外保温墙体温度与水蒸气分压变化曲线和露点位置示意图

(3) 在阴雨天，墙体长期直接暴露在雨水中，内保温墙体和不做保温的墙体面临室外的是重质材料构成的主体结构部分（混凝土或砖石砌体），会吸入大量的雨水，慢慢渗透进墙体，使整个墙体处在湿热状态，长期处于湿热状态的墙体就会发霉。水蒸气还会通过墙体扩散进入室内，增加室内的相对湿度。而外保温墙体面临室外的是保温层外具有良好的憎水性和抗雨水渗透性的防护层，如采用 ZL 胶粉聚苯颗粒外墙外保温系统时，其外保温体系具有良好的抗裂性能和防水性能良好的饰面层材料及高分子乳液弹性防水底层涂料外层，可确保防止雨水的渗透，使大量的雨水被拒之墙体外（图 2.2.2-5、图 2.2.2-6）。

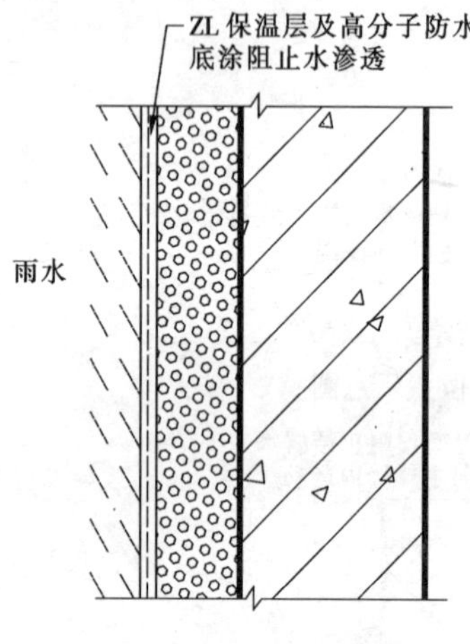

图 2.2.2-5　外保温墙体防雨水渗透示意图

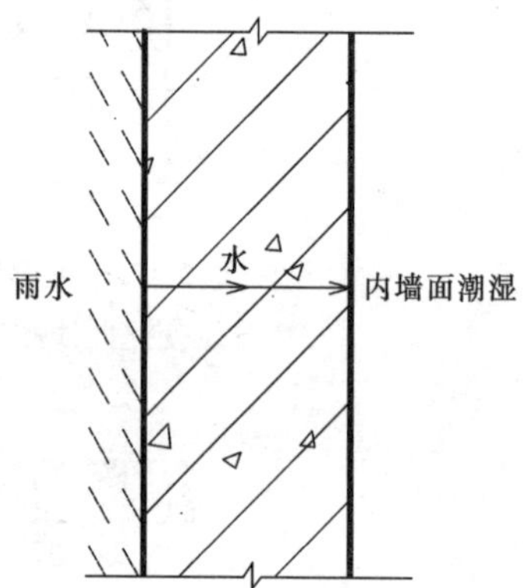

图 2.2.2-6　无保温墙体雨水渗透示意图

2.2.3　我国现有主要的外墙外保温技术

随着建筑技术的不断进步，外墙外保温做法日趋多样化，技术日益成熟，所采用的保温材料的品种也在不断增加。目前，我国使用较多的外墙外保温技术有以下几种：

2.2.3.1　《外墙外保温工程技术规程》所推荐的五种外墙外保温系统

(1) EPS 板薄抹灰外墙外保温系统

当 20 世纪 70 年代世界面临石油危机时，西方国家开始重视节约能源，特别是建筑物的节能，并规定了具体的墙体的节能指标，此时，欧洲国家开始从节能的角度，在外墙上应用该项技术，由于其集保温和装饰功能于一体，因此称之为外墙外保温及装饰系统。

20世纪60年代，美国从欧洲引入此项技术，并根据本国的具体气候条件和建筑体系特点进行了改进和发展。同样在70年代初能源危机期间，由于建筑节能的要求，薄抹灰外保温及装饰系统在美国的应用不断增加，至90年代末，其平均年增长率为20%~25%。至今此项技术在美国仍然不断地得到发展，所应用的建筑的最高层数达44层，并在美国炎热的南部和寒冷的北部地区均有广泛的应用。

经过多年的理论研究和工程实践，欧美国家的外墙外保温系统已形成健全的、系统的标准规范体系，如：欧盟标准EOTA ETAG 004《带有饰面层的外墙外保温系统》、欧盟标准prEN 13499《膨胀聚苯乙烯外墙外保温复合系统规范》、EOTA ETAG《用于外墙外保温的塑料锚栓技术规程》、奥地利标准B 6110《膨胀聚苯乙烯泡沫塑料与面层组成的外墙组合绝热系统》、美国标准ICBO AC24《外墙外保温及饰面系统的验收规范》等等。此外，还有与上述标准配套使用的相关组成材料的性能标准和试验方法标准几十个。如：与欧盟标准EOTA ETAG 004《带有饰面层的外墙外保温系统》相配套的欧洲标准prEN 13497《建筑保温产品—外墙外保温复合系统的抗冲击性规定》、prEN 13494《建筑用保温产品—胶粘剂和抹面胶浆与保温材料之间的拉伸粘结强度测定》等30多个。与美国国际建筑官员组织（ICBO）评估服务公司标准AC24《外墙外保温及饰面系统的验收规范》配套的相关的组成材料的性能标准和试验方法标准40多个，其中许多标准是专用于外墙外保温技术某一特定性能或试验方法的标准，如：EIMA 101.86《外保温与装饰系统抗快速变形冲击标准试验方法》、ASTM E 2134《外保温及饰面系统拉伸粘结强度测试方法》等等。

目前，在欧洲，有三种主要的外墙外保温系统：①膨胀聚苯板薄抹灰外墙外保温系统；②岩棉纤维平行于墙面的外墙外保温系统；③岩棉纤维垂直于墙面的外墙外保温系统。而在美国，外墙外保温系统则以膨胀聚苯板薄抹灰外墙外保温系统为主。

早在20世纪80年代末，我国国内许多单位，如：中国建筑科学研究院物理所、中建一局科研所、冶金部研究总院等，在学习、引进和消化国外先进技术的基础上，自行研发的用于该系统的胶粘剂等关键技术不断得到改进，并获得成功的应用。20世纪90年代以来，有更多的单位开始研制和应用该系统，如北京住宅总公司在卧龙小区的试点也获成功，等等。1993年，美国专威特公司将该系统的应用技术成套引入中国，并用于北京裕京花园，为正确使用该系统进一步做出了示范。至今，中建一局科研所采用薄抹灰外保温体系建造的试点楼已有13年的历史，北京裕京花园小区的建设也达十年之久，这些建筑保温效果良好，墙面无裂缝出现。

到目前为止，这是我国使用最多的一种外保温墙体，其中聚苯板在基层墙体上的固定方式有三种：①采用粘结胶浆固定；②采用机械固定物固定；③以上两种固定方式的结合。这种做法有如下的优越性：①由于它在欧洲及美国已沿用了近30年，在美国，已建成的建筑高达44层，因此，此项技术已形成体系，粘结层、保温层与饰面层可配套使用，有较多较成熟的技术文件；②由于保温材料采用膨胀聚苯乙烯，其价格不十分昂贵，使整个系统价格适中，便于用户接受；③无复杂的施工工艺，一般施工单位经过简短培训后，就可掌握施工要领，便于技术的推广；④它集保温、防水和装饰功能于一体，具有多功能性；⑤整个系统具有较强的耐候性、良好的防水和水蒸气渗透性能；⑥有多种颜色和纹理的面层涂料可供选择，与整个系统配套使用。

EPS板薄抹灰外墙外保温系统（以下简称EPS板薄抹灰系统）由EPS板保温层、薄抹面层和饰面涂层构成，EPS板用胶粘剂固定在基层上，薄抹面层中满铺玻纤网（图2.2.3-1）。

目前，这种做法在北京、东北等地已得到广泛的应用，北京裕京花园、卧龙花园、建设部丙八、丙十楼的改造等许多工程，均采用了这种做法。

(2) 胶粉 EPS 颗粒保温浆料外墙外保温系统

胶粉 EPS 颗粒保温浆料外墙外保温系统（以下简称保温浆料系统）由界面层、胶粉 EPS 颗粒保温浆料保温层、抗裂砂浆薄抹面层和饰面层组成（图 2.2.3-2）。胶粉 EPS 颗粒保温浆料经现场拌合后喷涂或抹在基层上形成保温层。薄抹面层中满铺玻纤网。

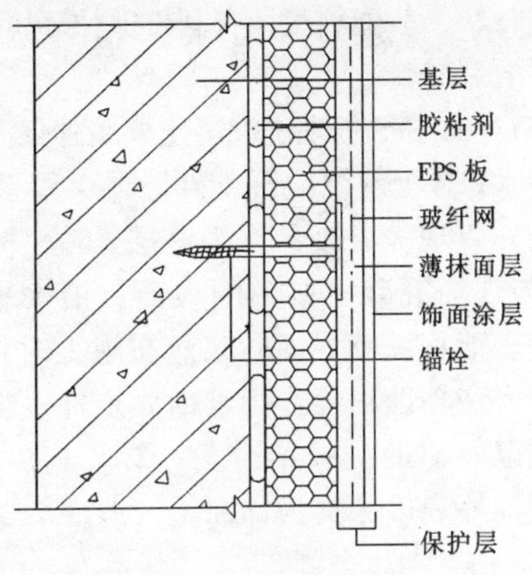

图 2.2.3-1 EPS 板薄抹灰系统

近年来，保温浆料也开始应用于建筑外墙外保温。它的优点在于：①保温浆料的粘结层、保温层与装饰层已形成体系，便于配套使用；②保温浆料用于外墙外保温时，对基层墙体平整度要求不高，易于在各种形状的基层墙体上施工；③施工工艺比较简单，易操作；④有些保温浆料的材料中采用回收废聚苯颗粒作为

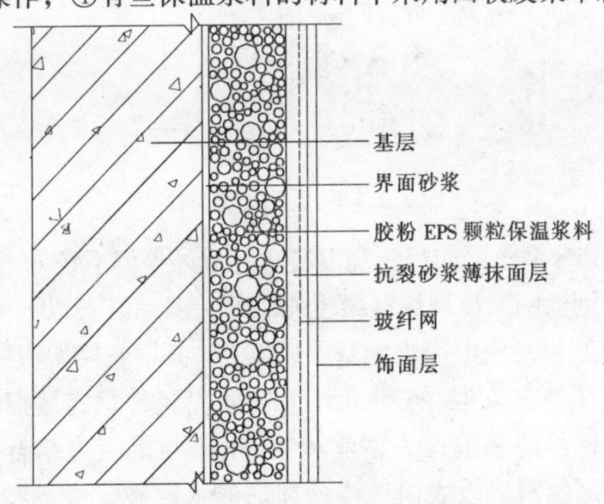

图 2.2.3-2 保温浆料系统

轻骨料，节能利废，有利于保护环境；⑤可用于修补墙体抹灰面层的裂缝。

(3) EPS板现浇混凝土外墙外保温系统

EPS板现浇混凝土外墙外保温系统（以下简称无网现浇系统）以现浇混凝土作为基层，EPS板为保温层。EPS板内表面（与现浇混凝土接触的表面）沿水平方向开有矩形齿槽，内、外表面均满喷界面砂浆。在施工时将EPS板置于外模板内侧，并安装辅助锚栓作为辅助固定件。浇灌混凝土后，墙体与EPS板以及辅助锚栓结合为一体。EPS板表面抹抗裂砂浆薄抹面层，外表以涂料为饰面层（图2.2.3-3），薄抹面层中满铺玻纤网。

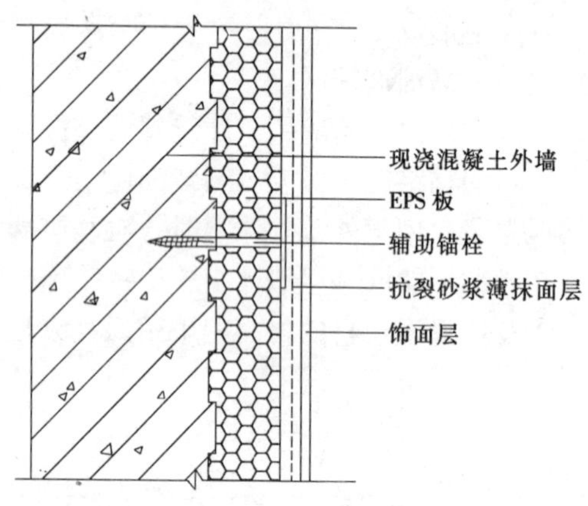

图2.2.3-3　无网现浇系统

(4) EPS钢丝网架板现浇混凝土外墙外保温系统

EPS钢丝网架板现浇混凝土外墙外保温系统（以下简称有网现浇系统）以现浇混凝土为基层，EPS单面钢丝网架板置于外墙外模板内侧，并安装$\phi6$钢筋作为辅助固定件。浇灌混凝土后，EPS单面钢丝网架板挑头钢丝和$\phi6$钢筋与混凝土结合为一体，EPS单面钢丝网架板表面抹掺外加剂的水泥砂浆形成厚抹面层，外表做饰面层（图2.2.3-4）。以涂料做饰面层时，应加抹玻纤网

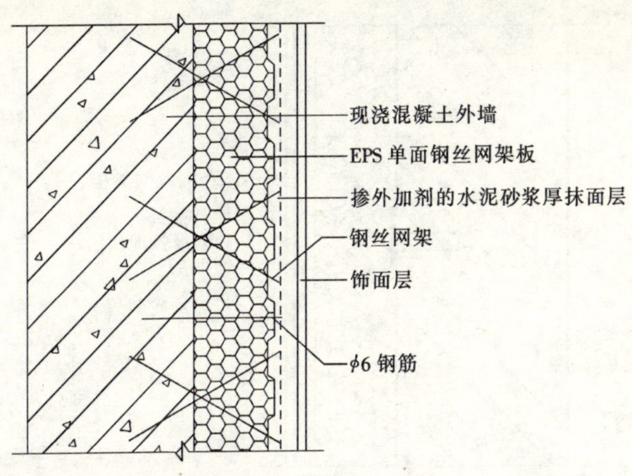

图 2.2.3-4　有网现浇系统

抗裂砂浆薄抹面层。

这是近年来发展起来的、用于现浇混凝土建筑中的一种外墙外保温体系。它有以下优点：①这种体系在施工时，是将钢丝网架聚苯板置于将要浇筑的外墙外模的内侧，外保温板和墙体一次成活，拆模后保温板与墙体合而为一，因此节省了人力、时间以及安装费用；②所选用的钢丝网架聚苯板块大、质轻，易于施工；③施工易操作掌握，冬季可照常施工；④聚苯板外侧挂有钢丝网，外饰面可用面砖。

目前，此体系在北京、河北及东北地区都得到应用，主要用于现浇混凝土多、高层住宅，它的构造节点、安装工艺等还有待于进一步完善。

(5) 机械固定 EPS 钢丝网架板外墙外保温系统

机械固定 EPS 钢丝网架板外墙外保温系统（以下简称机械固定系统）由机械固定装置、腹丝非穿透型 EPS 钢丝网架板、掺外加剂的水泥砂浆厚抹面层和饰面层构成（图 2.2.3-5）。以涂料做饰面层时，应加抹玻纤网抗裂砂浆薄抹面层。

2.2.3.2　其他型式的外墙外保温系统

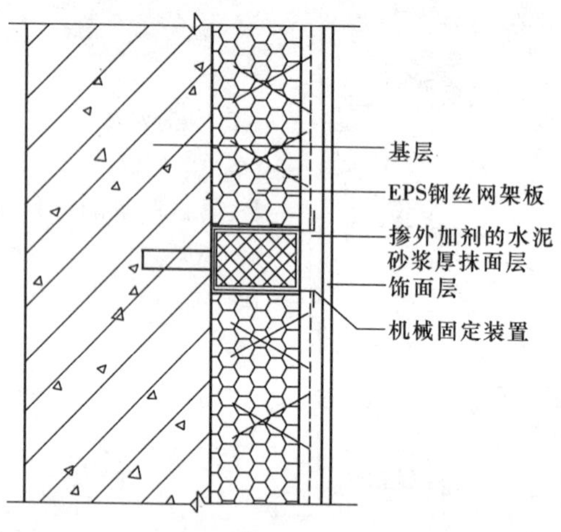

图 2.2.3-5 机械固定系统

(1) 挤塑聚苯乙烯板外保温材料的外墙外保温系统

该系统是采用挤塑聚苯乙烯为外保温材料的墙体，挤塑聚苯乙烯是近年来发展起来的一种新型保温材料。目前，挤塑聚苯乙烯与基层墙体的固定方式主要采用机械固定件。这种材料的优点在于：①挤塑聚苯乙烯具有致密的表层及闭孔结构内层，其导热系数大大低于同厚度的膨胀聚苯乙烯，因此具有较膨胀聚苯乙烯更好的保温隔热性能。对同样的建筑物外墙，其使用厚度可小于其他类型的保温材料；②由于内层的闭孔结构，因此它具有良好的抗湿性，在潮湿的环境中，仍可保持良好的保温隔热性能；③适用于冷库等对保温有特殊要求的建筑，也可用于外墙饰面材料为面砖或石材的建筑；④由于挤塑聚苯乙烯与基层墙体的固定方式主要采用机械固定件，在冬季可照常施工。

目前，在北京、江苏等地区都有采用这种材料作为外墙外保温的建筑，如北京新东方广场、中国银行等大型的公共建筑。但挤塑聚苯乙烯的价格尚偏高，因此适用于档次较高的建筑。其施工工艺和节点构造尚有待于进一步完善。

(2) 岩棉外保温系统

以岩棉为外保温材料与混凝土浇筑一次成型或采用钢丝网架机械锚固，该系统耐火等级高，保温效果好，对防火要求高的建筑是好的选择。

(3) 硬泡聚氨酯外保温系统（图 2.2.3-6）

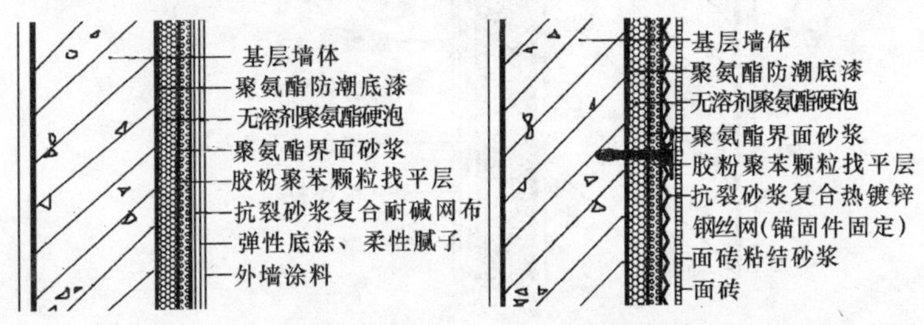

图 2.2.3-6　硬泡聚氨酯外保温系统

2.2.3.3　三种复合的保温系统

包括：①粘贴聚苯板复合胶粉聚苯颗粒外墙外保温系统（图 2.2.3-7)；②带尾槽聚苯板复合胶粉聚苯颗粒外墙外保温做法(图 2.2.3-8)；③带凹凸槽聚苯板复合胶粉聚苯颗粒外墙外保温

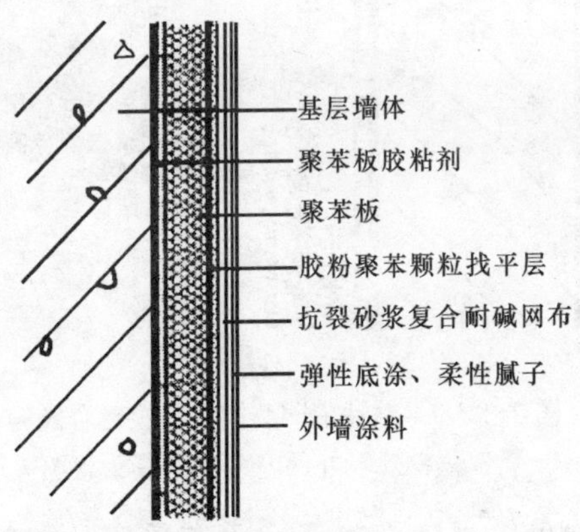

图 2.2.3-7　粘贴聚苯板复合胶粉聚苯颗粒外墙外保温系统构造示意图

系统（图 2.2.3-9）。

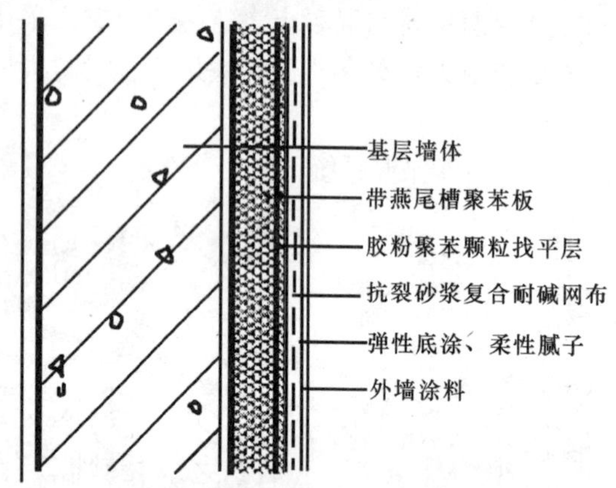

图 2.2.3-8 粘贴带尾槽聚苯板复合胶粉聚苯颗粒外墙外保温系统构造示意图

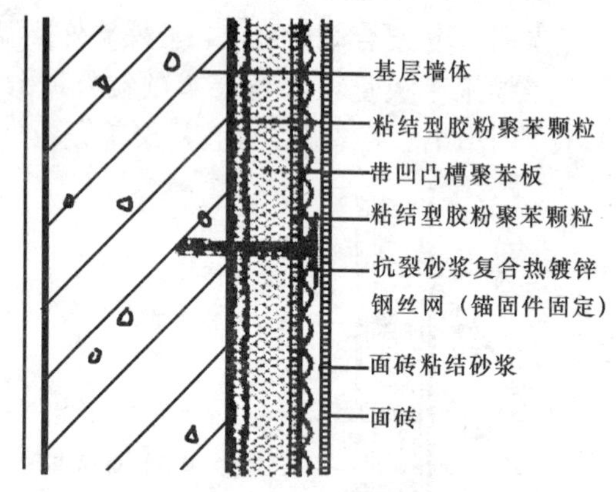

图 2.2.3-9 粘贴带凹凸槽聚苯板复合胶粉聚苯颗粒外墙外保温系统构造示意图

以上三种外墙外保温技术，由于采用的材料与施工工艺有所不同，因此各自的适用范围也不尽相同。使用中，应根据所设计的建筑的造价、地理位置等各方面的因素进行选择。

随着我国节能技术的不断提高，随着各种外墙外保温体系逐渐规范化、标准化以及设计、施工、质量验收规范的完善，外墙外保温技术必然会对我国的建筑节能事业做出更大的贡献。

3 《外墙外保温工程技术规程》JGJ 144－2004 解析

3.1 总　　则

1.0.1 为规范外墙外保温工程技术要求，保证工程质量，做到技术先进、安全可靠、经济合理，制定本规程。

【1.0.1 解析】 外保温工程在欧洲已有 35 年以上的历史，使用最多的是 EPS 板薄抹面外保温系统。欧洲是世界上最早开展技术认定的地区，早在 1979 年，欧洲建筑技术鉴定联合会（UEAtc）就已发布了 EPS 板薄抹面外保温系统鉴定指南，并于 1988 年发布了新版。1992 年又发布了具有无机抹面层的外保温系统鉴定指南。在 1988 和 1992 年指南的基础上，欧洲技术认定组织（EOTA）于 2000 年发布了《有抹面复合外保温系统欧洲技术认定指南》EOTA ETAG 004。该指南对外保温系统的技术性能、试验方法以及技术认定要求做了全面规定，是对外保温系统进行技术认定的依据。欧洲是把外保温系统作为一个整体进行认定的，其中包括外保温系统的构造和设计、施工要点、系统和组成材料性能及生产过程质量控制等诸多方面。我国 20 世纪 80 年代中期开始搞外保温工程试点，首先用于工程的也是 EPS 板薄抹面外保温系统。随着北美、欧洲和韩国公司的进入，尤其是第一套外墙外保温国家标准图的出版发行，对外保温的发展起了很大的促进作用。由于外保温在建筑节能和室内环境舒适等方面的诸多优点，建设部已把外保温作为重点发展项目。目前，我国外保温工程虽然工程量不大，竣工年限不长，但质量问题不少。主要问题是保护层开裂和瓷砖空鼓脱落，也有个别工程出现被大风刮掉，

雨水通过裂缝渗至外墙内表面等严重问题。这些问题若不及时加以控制，将会对在我国刚刚起步的外保温市场造成不良影响，并给外保温工程留下安全隐患。

制定本规程的目的，一是借鉴先进国家的成熟经验指导我国外保温技术的开发，二是控制外保温工程质量，促进外保温行业健康发展。

本规程给出了对外墙外保温系统的性能要求，用于检查各项性能的检验方法以及对于设计和施工的相应规定。

本规程收入了5种外保温系统。岩棉外保温系统和其他系统待工程应用成熟后再行增补。

1.0.2 本规程适用于新建居住建筑的混凝土和砌体结构外墙外保温工程。

【1.0.2解析】 本条规定包含2项内容。一是适用于新建居住建筑，二是适用于混凝土和砌体结构基层。

新建工业建筑、公共建筑和既有建筑可参照执行，执行中需注意以下几点：

（1）本规程关于建筑节能设计方面的要求是针对新建居住建筑的，建筑热工设计方面的要求是针对民用建筑的。

（2）本规程第6.3节和第6.4节所涉及的系统构造只能用于新建筑。

（3）既有建筑节能改造情况比较复杂，技术上主要涉及构造设计和基层处理等方面。既有建筑基层处理主要应注意墙体是否坚实，墙面抹灰层是否空鼓以及饰面砖、涂料饰面层处理等问题。

1.0.3 外墙外保温工程除应符合本规程外，尚应符合国家现行有关强制性标准的规定。

【1.0.3解析】 国家现行强制性标准包括建筑防火、建筑工程抗震等方面的标准和规范。

3.2 术　　语

2.0.1 外墙外保温系统　external thermal insulation system

由保温层、保护层和固定材料（胶粘剂、锚固件等）构成并且适用于安装在外墙外表面的非承重保温构造总称。

【2.0.1 解析】 从设计观点来看，外保温系统可按固定方法划分如下：

(1) 单纯粘结系统　系统可采用满粘（铺满整个表面）、条式粘结或点式粘结。

(2) 附加以机械固定的粘结系统　荷载完全由粘结层承受。机械固定在胶粘剂干燥之前起稳定作用并作为临时连接以防止脱开。它们在火灾情况下也可起稳定作用。

(3) 以粘结为辅助的机械固定系统　荷载完全由机械固定装置承受。粘结是用于保证系统安装时的平整度。

(4) 单纯机械固定系统　系统仅用机械固定装置固定于墙上。

2.0.2 外墙外保温工程　external thermal insulation on walls

将外墙外保温系统通过组合、组装、施工或安装固定在外墙外表面上所形成的建筑物实体。

2.0.3 外保温复合墙体　wall composed with external thermal insulation

由基层和外保温系统组合而成的墙体。

2.0.4 基层　substrate

外保温系统所依附的外墙。

【2.0.4 解析】 适合于外保温系统的外墙一般由砖石（砖、砌块、石材、…）或混凝土（现浇或预制板）构成。外保温系统是非承重建筑构件，也不用于保证主体结构的气密性。外墙本身应符合必要的结构性能要求（抵抗静荷载和动荷载）和气密性要求。

2.0.5 保温层 thermal insulation layer

由保温材料组成，在外保温系统中起保温作用的构造层。

2.0.6 抹面层 rendering coat

抹在保温层上，中间夹有增强网，保护保温层，并起防裂、防水和抗冲击作用的构造层。抹面层可分为薄抹面层和厚抹面层。用于EPS板和胶粉EPS颗粒保温浆料时为薄抹面层，用于EPS钢丝网架板时为厚抹面层。

2.0.7 饰面层 finish coat

外保温系统外装饰层。

2.0.8 保护层 protecting coat

抹面层和饰面层的总称。

【2.0.6~2.0.8解析】 一般来说，防护层包括以下几层：

(1) 抹面层 直接抹在保温材料上的涂层。增强网埋在其中，保护层的大部分力学性能都由它提供。

(2) 增强层 埋在抹面层中用于提高其机械强度的玻纤网、金属网或塑料网增强层。

(3) 界面层 非常薄的涂层。有可能涂在抹面层上，作为涂饰面层的准备层。

(4) 饰面层 最外层。其作用是保护系统免受气候破坏并起装饰作用。它是涂在抹面层上，可以涂界面层，也可不涂界面层。

2.0.9 EPS板 expanded polystyrene board

由可发性聚苯乙烯珠粒经加热预发泡后在模具中加热成型而制得的具有闭孔结构的聚苯乙烯泡沫塑料板材。

2.0.10 胶粉EPS颗粒保温浆料 insulating mortar consisting of gelatinous powder and expanded polystyrene pellets

由胶粉料和EPS颗粒集料组成，并且EPS颗粒体积比不小于80%的保温灰浆。

2.0.11 EPS钢丝网架板 EPS board with metal network

由EPS板内插腹丝，外侧焊接钢丝网构成的三维空间网架芯板。

【2.0.11解析】 本规程中涉及的EPS钢丝网架板包括以下两种：

腹丝穿透型钢丝网架板 用于有网现浇系统。

腹丝非穿透型钢丝网架板 用于机械固定系统。

2.0.12 胶粘剂 adhesive

用于EPS板与基层以及EPS板之间粘结的材料。

2.0.13 抹面胶浆 rendering coat mortar

在EPS板薄抹灰外墙外保温系统中用于做薄抹面层的材料。

2.0.14 抗裂砂浆 anti-crack mortar

以由聚合物乳液和外加剂制成的抗裂剂、水泥和砂按一定比例制成的能满足一定变形而保持不开裂的砂浆。

【2.0.13~2.0.14解析】 抹面胶浆和抗裂砂浆都是用来做薄抹面层的材料，在JG 149膨胀聚苯板薄抹灰外墙外保温系统和JG 158胶粉聚苯颗粒外墙外保温系统中分别称为“抹面胶浆”和“抗裂砂浆”。为了进行协调，本规程作为两个术语分别列出。

2.0.15 界面砂浆 interface treating mortar

用以改善基层或保温层表面粘结性能的聚合物砂浆。

2.0.16 机械固定件 mechanical fastener

用于将系统固定于基层上的专用固定件。

3.3 基本规定

本章规定了对于外保温工程或工程各部分的基本要求，这些要求除适用于本规程中收入的5种外保温系统外，也适用于所有各种外保温系统。编制时主要参考了欧洲技术认定组织（EOTA）《有抹面复合外保温系统欧洲技术认定指南》EOTA ETAG 004，同时考虑了我国的实际情况。

依据欧洲建筑产品条令 EC 89/106（CPD），建筑物必须满足以下基本要求：

基本要求 1：耐力学作用和稳定性

基本要求 2：火灾情况下的安全性

基本要求 3：卫生、健康和环境

基本要求 4：使用安全性

基本要求 5：隔声

基本要求 6：节能和保温

对于外保温工程，只涉及基本要求 2、基本要求 3、基本要求 4 和基本要求 6。

（1）基本要求 2：火灾情况下的安全性

对复合外保温系统的防火要求将依据法律、法规和适用于建筑物整体的行政规定而定并将由 CEN 分级文件（prEN 13501-1）作出规定，在目前工程技术尚不完备条件下，先行提出体系要考虑防火构造措施的要求。

（2）基本要求 3：卫生、健康和环境

1）室内环境：潮湿

因外墙与潮湿有关，以下两点要求应该加以考虑。对此，复合外保温系统有着有利的影响。

①防止室外水分进入。

外墙应不会为雨、雪所损坏，还应防止雨、雪渗入建筑物内部，并且不应将水分迁移至任何可能造成损坏的部位。

②防止内表面和间层结露。表面结露问题通常会因附加复合外保温系统而得到缓解。

在正常使用条件下，有害的间层结露不会出现在系统中。在室内水蒸气产生率高的情况下，必须采取适当措施防止系统受潮，如适当的产品设计和材料选取等。

要保证上述第一点要求得到满足，应考虑正常使用条件下的耐机械应力性能。即：

● 系统应设计成在由交通往来和正常使用造成的冲击作用下

仍能保持其特性。系统在一般事故或故意造成的意外冲击的作用下应不会导致任何损坏。

● 系统应能允许标准维修设备在其上支靠而不致造成抹面层的任何破裂或穿孔。

这就是说，对于基本要求3，对系统及其部件来说应评估下列产品特性：

——吸水性；

——不透水性；

——抗冲击性；

——水蒸气渗透性；

——热工性能（包含于基本要求6）。

2）室外环境

施工和工程建设中不得向周围环境（空气、土壤和水）释放污染物。

用于外墙的建筑材料向室外空气、土壤和水中释放的污染物比率应符合法律、法规和该地区行政管理条款的规定。

（3）基本要求4：使用安全性

虽然复合外保温系统不作为承重结构使用，但对其力学性能和稳定性仍然提出了要求。

复合外保温系统在由正常荷载，如自重、温度、湿度和收缩以及主体结构位移和风力（吸力）等引起的联合应力的作用下应能保持稳定。

这就是说，对于基本要求4，对系统及其部件来说应评估下列产品特性：

——自重的作用

系统应能承受自重而不产生有害变形。

——抵抗主体结构变形的能力

主体结构的正常变形应不致造成系统中裂缝的形成或脱胶。复合外保温系统应能抵抗由于温度和应力变化而产生的变形（结构连接处除外，此处应采取专门措施）。

——负风压吸力的作用

系统应具有足够的力学性能，使其能够抵抗由风力造成的压力、吸力和振动，而且应有足够的安全系数。

(4) 基本要求 6：节能和保温

整个墙体应满足此项要求。复合外保温系统改善了保温性能并使减少采暖（冬季）和空调（夏季）能耗成为可能。因此，应评估由复合外保温系统而附加的热阻，使其可被引入国家能耗规范所要求的热工计算中。

机械固定钉或锚栓可造成局部温差。必须保证这种影响足够小，小到不致影响保温性能。

为了确定复合外保温系统对于墙体的保温效能，应对有关部件的以下特性作出规定：

——导热系数/热阻；

——水蒸气渗透性能（包含于基本要求 3）；

——吸水性（包含于基本要求 3）。

3.0.1 外墙外保温工程应能适应基层的正常变形而不产生裂缝或空鼓。

3.0.2 外墙外保温工程应能长期承受自重而不产生有害的变形。

3.0.3 外墙外保温工程应能承受风荷载的作用而不产生破坏。

3.0.4 外墙外保温工程应能耐受室外气候的长期反复作用而不产生破坏。

3.0.5 外墙外保温工程在罕遇地震发生时不应从基层上脱落。

【3.0.1～3.0.5 解析】 这几条是依据基本要求 4 编制的，主要涉及外保温工程的使用安全性。其中第 3.0.4 条还涉及使用耐久性。

3.0.6 高层建筑外墙外保温工程应采取防火构造措施。

【3.0.6 解析】 本条涉及基本要求 2：火灾情况下的安全性。

关于防火问题，本规程总则第 1.0.3 条中已包含应符合有关建筑防火的国家现行强制性标准。据了解，德国规定建筑高度

22m 以上不允许使用 EPS 板，原因是消防设备高度只能达到 22m。我国目前尚无明确规定。欧洲规定 EPS 板燃烧性能级别为 B1 级。我国标准 GB/T 10801.1－2002 绝热用模塑聚苯乙烯泡沫塑料中规定为 B2 级，要达到 B1 级比较困难。有人提出，外保温系统应符合以下耐火要求：①外保温系统应具有一定的耐火性能，在火灾中不爆裂、不脱落、不蔓延、不熔融流淌。燃烧性能应不低于 B1 级；②在符合防火间距的情况下，相邻建筑失火时，本系统不会因热辐射而引起爆裂、脱落、燃烧；③用可燃材料做保温层时，应设置防火隔离构造，防止火灾蔓延。

防火隔离构造主要应设置在窗口上沿，左右延伸 20cm 以上。可选用岩棉、泡沫玻璃、胶粉聚苯颗粒保温浆料等材料替代 EPS 板。目前，国内还没有符合要求的岩棉板，隔离构造的做法也缺少工程实践。

3.0.7 外墙外保温工程应具有防水渗透性能。

【3.0.7 解析】 本条涉及基本要求 3：卫生、健康和环境。

3.0.8 外保温复合墙体的保温、隔热和防潮性能应符合国家现行标准《民用建筑热工设计规范》GB 50176、《民用建筑节能设计标准（采暖居住建筑部分）》JGJ 26、《夏热冬冷地区居住建筑节能设计标准》JGJ 134 和《夏热冬暖地区居住建筑节能设计标准》JGJ 75 的有关规定。

【3.0.8 解析】 本条涉及基本要求 6：节能和保温。

3.0.9 外墙外保温工程各组成部分应具有物理-化学稳定性。所有组成材料应彼此相容并应具有防腐性。在可能受到生物侵害（鼠害、虫害等）时，外墙外保温工程还应具有防生物侵害性能。

【3.0.9 解析】 本条涉及工程的使用耐久性。在 EOTA ETAG 004 中，除提出上述基本要求外，还对外保温工程的使用耐久性作了以下规定：

系统在所经受的各种作用下，在系统寿命期内，以上基本要求均应满足。

（1）系统耐久性

复合外保温系统在温度、湿度和收缩的作用下应是稳定的。

无论高温还是低温都将产生一种破坏性的或不可逆的变形作用。表面温度的变化，例如在经受长时间太阳照射之后突然降雨所造成的温度急剧下降或阳光照射部位与阴影部位之间的温差，不应引起任何破坏。

此外，应采取措施防止在结构变形缝和立面构件由不同材料构成的部位（例如与窗的连接处）有裂缝形成。

（2）部件耐久性

在正常使用条件和为保持系统质量而进行的正常维修下，所有部件在系统整个使用寿命期内均应保持其特性。这就要求符合以下几点：

——所有部件都应表现出化学-物理稳定性。如果并不是完全知道，至少也应是有理由可预见的。在相互接触的材料之间出现反应的情况下，这些反应应该是缓慢进行的。

——所有材料应是天然耐腐蚀或者是被处理成耐腐蚀的。这涉及玻纤网耐碱性，金属网、金属固定件镀锌或涂防锈漆等防锈处理。

——所有材料应是彼此相容的。

彼此相容是要求外保温系统中任何一种组成材料应与其他所有组成材料相容，这种相容表现为各部分组成材料彼此之间相互安定、并能很好地协调工作、完整保持原系统设计的各种性能。这就是说，胶粘剂、抹面材料、饰面材料、密封材料和附件等应与 EPS 板、胶粉 EPS 颗粒保温浆料等保温材料相容并且各种材料之间都应相容。

关于相容性，本规程以及《膨胀聚苯板薄抹灰外墙外保温系统》JG 149－2003 和《胶粉聚苯颗粒外墙外保温系统》JG 158－2004 都没有规定具体指标和试验方法。加拿大标准《聚苯保温板粘结剂》CAN3-A451.1－M86 中规定了胶粘剂与 EPS 板相容性的判定指标和试验方法。

工程应用中特别要注意涂料与保温材料的相容性。实际工程中已发生多起由此而引起的质量事故，由于使用了溶剂型涂料，并且抹面层又过薄，致使涂料透过抹面层将 EPS 板侵蚀，造成抹面层大面积空鼓、剥离。

鼠类、昆虫（如白蚁），甚至菜园中的肉虫都会咬食 EPS 板。在有白蚁等虫害的地区，应做好防虫害构造设计。

3.0.10 在正确使用和正常维护的条件下，外墙外保温工程的使用年限不应少于 25 年。

【3.0.10 解析】 使用年限的含义是，当预期使用年限到期后，外保温工程性能仍能符合本规程规定。

正常维护包括局部修补和饰面层维修两部分。对局部破坏应及时修补。对于不可触及的墙面，饰面层正常维修周期应不小于 5 年。

使用年限不少于 25 年的规定是依据 EOTA ETAG 004 作出的。EOTA ETAG 004 中所涉及的规定是建立在当前技术状况及现有知识和经验的基础之上的，是在试验室试验以及和试验性建筑对比分析的基础上提出的。欧洲使用最久的 EPS 板薄抹面外保温系统实际工程已超过 40 年。大量工程实践证实，EPS 板薄抹面外保温系统使用年限可超过 25 年。

保温浆料系统在欧洲也早有应用，在德国也有相应的产品标准。在我国已进行了大量的多种试验研究并有大量的工程应用。

3.4 性能要求

本章涉及为满足第 3 章对外保温工程的基本规定而需要对外保温系统及其组成材料进行检验的项目及性能要求，编制时主要参考了 EOTA ETAG 004。

EOTA ETAG 004 中所涉及的规定、试验和评审方法是在假定复合外保温系统的使用寿命至少为 25 年的基础上制定出的。这些规定是建立在当前技术状况及现有知识和经验的基础之上的。这些规定不能被看作为生产者或批准机构对 25 年使用寿命给予的担保。

这些表述只能被看作为一种方法，使规定者按预期的、经济合理的工程使用寿命来为复合外保温系统选择适当的技术指标。

4.0.1 应按本规程附录 A 第 A.2 节规定对外墙外保温系统进行耐候性检验。

【4.0.1 解析】 外保温工程在实际使用中会受到相当大的热应力作用，这种热应力主要表现在保护层上。由于聚苯板的隔热性能特别好，其保护层温度在夏季可高达 80℃。夏季持续晴天后突降暴雨所引起的表面温度变化可达 50℃之多。夏季的高温还会加速保护层的老化。保护层中的某些有机粘结材料会由于紫外线辐射、空气中的氧气和水分的作用而遭到破坏。

外保温工程至少应在 25 年内保持完好，这就要求它能够经受住周期性热湿和热冷气候条件的长期作用。耐候性试验模拟夏季墙面经高温日晒后突降暴雨和冬季昼夜温度的反复作用，是对大尺寸的外保温墙体进行的加速气候老化试验，是检验和评价外保温系统质量的最重要的试验项目。耐候性试验与实际工程有着很好的相关性，能很好地反应实际外保温工程的耐候性能。根据法国 CSTB 的试验，从在严酷气候条件下经过了几年考验的外保温系统的实际性能变化与试验室耐候性试验的对比来看，为了确保外保温系统在规定使用年限内的可靠性，耐候性试验是十分必要的。

耐候性试验条件的组合是十分严厉的。通过该试验，不仅可检验外保温系统的长期耐候性能，而且还可对设计、施工和材料性能进行综合检验。如果材料质量不符合要求，设计不合理或施工质量不好，都不可能经受住这样的考验。

以前，对于一种新材料或新构造系统，往往是通过搞试点建筑的方法进行考验。一般认为经过一个冬季和夏季不出现问题，即可通过鉴定。外保温系统至少应在25年使用期内保持完好。这就要求系统能够经受住周期性热湿和热冷气候条件的长期作用。通过搞试点建筑的方法难以在短期内判断外保温系统是否满足长期使用要求。

4.0.2 外墙外保温系统经耐候性试验后，不得出现饰面层起泡或剥落、保护层空鼓或脱落等破坏，不得产生渗水裂缝。具有薄抹面层的外保温系统，抹面层与保温层的拉伸粘结强度不得小于0.1MPa，并且破坏部位应位于保温层内。

【4.0.2解析】 本条为强制性条文，对外保温系统耐候性要求包括外观和粘结强度两个方面。

规定粘结强度是十分重要的，尤其对于面砖饰面外保温系统就更显得重要。本规程虽然未涉及面砖饰面外保温系统，但实际工程中做面砖饰面的不在少数。在我们做过的耐候性试验中，有在EPS板和XPS板薄抹面层上直接贴面砖的，耐候性试验后做粘结强度检验，有面砖与保温板粘结强度为零的，也有面砖与抹面层粘结强度为零的。如果只看外观，就不能发现这些问题。

关于裂缝问题，很难对裂缝宽度进行规定。渗水裂缝指的是水可通过裂缝渗透至保温层。经耐候性试验后，敲开裂缝部位观察，如果保温层没有被水浸湿，则判定为非渗水裂缝。

关于抹面层与保温层的拉伸粘结强度，除规定粘结强度指标外，还规定破坏部位应位于保温层内，两者缺一不可。规定破坏部位应位于保温层内，意味着不允许在界面处破坏。目的在于保证抹面层与保温层的附着力大于保温层的抗拉强度。实际上，密度在18kg/m^{3}以上的EPS板，抗拉强度大都在0.15MPa以上。

4.0.3 应按本规程附录A第A.7节规定对胶粉EPS颗粒保温浆料外墙外保温系统进行抗拉强度检验，抗拉强度不得小于

0.1MPa，并且破坏部位不得位于各层界面。

【4.0.3 解析】 保温浆料系统与 EPS 板薄抹灰外保温系统不同，它是通过现场抹灰实现保温层与基层墙体的连接的。通过检验保温浆料系统的抗拉强度可检验系统各构造层之间的粘结强度以及保温层的抗拉强度，这样就不必单独对每层材料进行检验。一般来说，胶粉聚苯颗粒保温浆料抗拉强度低于 EPS 板。然而，EPS 板粘结面积为 40%。保温浆料粘结面积为 100%。由此可见保温浆料外保温系统的安全性是没有问题的。

4.0.4 EPS 板现浇混凝土外墙外保温系统应按本规程附录 B 第 B.2 节规定做现场粘结强度检验。

【4.0.4 解析】 一般来说，现浇混凝土与 EPS 板之间是不可能有可靠粘结的。为此，本规程规定，EPS 板两面必须预涂界面砂浆，以确保可靠粘结。本条中规定做现场粘结强度检验，是为了确保工程质量。如果检验发现不符合规定，还可采取补救措施。

4.0.5 EPS 板现浇混凝土外墙外保温系统现场粘结强度不得小于 0.1MPa，并且破坏部位应位于 EPS 板内。

【4.0.5 解析】 规定粘结强度不得小于 0.1MPa，并且破坏部位应位于 EPS 板内，两者缺一不可。也就是说，不允许在 EPS 板与混凝土的界面处破坏，EPS 板抗拉强度不得小于 0.1MPa。

4.0.6 外墙外保温系统其他性能应符合表 4.0.6 规定。

表 4.0.6 外墙外保温系统性能要求

检验项目	性 能 要 求	试验方法
抗风荷载性能	系统抗风压值 R_d 不小于风荷载设计值。 EPS 板薄抹灰外墙外保温系统、胶粉 EPS 颗粒保温浆料外墙外保温系统、EPS 板现浇混凝土外墙外保温系统和 EPS 钢丝网架板现浇混凝土外墙外保温系统安全系数 K 应不小于 1.5，机械固定 EPS 钢丝网架板外墙外保温系统安全系数 K 应不小于 2	附录 A 第 A.3 节；由设计要求值降低 1kPa 作为试验起始点

续表 4.0.6

检验项目	性能要求	试验方法
抗冲击性	建筑物首层墙面以及门窗口等易受碰撞部位：10J级；建筑物二层以上墙面等不易受碰撞部位：3J级	附录A第A.5节
吸水量	水中浸泡1h，只带有抹面层和带有全部保护层的系统的吸水量均不得大于或等于$1.0kg/m^2$	附录A第A.6节
耐冻融性能	30次冻融循环后 保护层无空鼓、脱落，无渗水裂缝；保护层与保温层的拉伸粘结强度不小于0.1MPa，破坏部位应位于保温层	附录A第A.4节
热阻	复合墙体热阻符合设计要求	附录A第A.9节
抹面层不透水性	2h不透水	附录A第A.10节
保护层水蒸气渗透阻	符合设计要求	附录A第A.11节

注：水中浸泡24h，只带有抹面层和带有全部保护层的系统的吸水量均小于$0.5kg/m^2$时，不检验耐冻融性能。

【4.0.6解析】 对于性能要求，根据不同情况分别以数值、特性等形式进行规定。有些性能如复合墙体热阻、保护层水蒸气渗透阻和保温材料水蒸气渗透系数等，外保温系统供应商应提供检测数据，由设计人员分别按照《民用建筑节能设计标准（采暖居住建筑部分)》JGJ 26－95、《夏热冬冷地区居住建筑节能设计标准》JGJ 134－2001、《夏热冬暖地区居住建筑节能设计标准》JGJ 75－2003和《民用建筑热工设计规范》GB 50176－93等相关标准进行计算，以确定是否符合要求。

外保温系统抗冲击性、外保温系统吸水量和抹面层不透水性都关系到外保温系统的防水性能，保护层水蒸气渗透阻关系到系统的透水蒸气性能。这几项性能都与抹面层和保护层有关，要求既不能透水，又能透水蒸气。厚的抹面层抗冲击性和不透水性好，薄的抹面层水蒸气渗透阻小，但抹面层过薄又会导致不透水性差。

《规程》中的表4.0.6中规定了外保温系统的抗风荷载性能，所采用的试验方法为动态风荷载法。国内现已实施的3个外保温标准（JG 149、JG 158和JGJ 144）都采用了这种方法，编制标准时主要考虑到我国与欧洲国家不同，高层建筑多，分布地域广，气候条件复杂。

外保温系统抗风荷载性能主要关系到系统固定在基层墙体上的稳定性。EOTA ETAG 004中按保温材料类型和固定方式规定了稳定性检验方法，列于表3.4-1。

表3.4-1 外保温系统在基层墙体上的固定稳定性检验方法

保温材料类型	固定方式			
	纯粘结或附加机械固定的粘结[1]	机械固定[2]		
		锚栓穿过增强网	锚栓仅穿过保温板	型材固定
泡沫塑料或矿物棉	胶粘剂与基层和与保温板的粘结强度	静态泡沫块法位移试验[4]	拔出试验和/或[3]静态泡沫块法位移试验[4]	静态泡沫块法位移试验[4]
其他材料	胶粘剂与基层和与保温板的粘结强度和动态风荷载法	动态风荷载法和位移试验[4]	动态风荷载法和位移试验[4]	动态风荷载法和位移试验[4]

注：1）对于附加机械固定的粘结固定系统，粘结强度试验时应不包含固定件；
2）对于附加粘结固定的机械固定的系统，位移试验时应不包含胶粘剂；如果粘结部分小于20%，则视为纯机械固定；
3）依据图7确定做哪种试验；
4）只用于不符合5.1.4.2条规定的系统。

由表3.4-1可以看出，只有对于未知保温材料才要求做动态风荷载试验。

外保温系统抗冲击性：门窗洞口周边和四角增铺加强网可提高抗冲击性。门窗洞口四角为应力集中部位，增铺加强网还可提高抗裂性。为达到10J抗冲击要求，建筑物首层以及门窗口等易受撞击部位一般需增铺加强网。规定二层以上墙面等不易受碰撞部位抗冲击性3J级，是考虑到维修设备支靠时不致造成穿孔。

保护层水蒸气渗透阻越小越好，这样可使墙体内和由室内进入墙体的水分在冬季能顺利排出室外。否则，会在抹面层与保温层交界处产生冷凝，从而造成冻融破坏。冷凝问题还与基层墙体和保温层的水蒸气渗透阻有关。如何保证不因冷凝而造成冻融破坏，需要设计人员进行计算。需要特别指出的是，具有薄抹面层的外保温系统，即便是在严寒地区冬季，当太阳照到墙面上时，抹面层温度也有可能达到冰的融化温度以上。这样，就可能每天发生一次冻融循环。

外保温系统耐冻融性能：耐冻融性能与系统吸水量有关，因此规定吸水量小于 0.5kg/m^2 时不检验耐冻融性能。一些外保温厂家在做饰面涂层前，先在抹面层上刮腻子。耐冻融试验表明，饰面涂层起鼓、脱落，大都由腻子层破坏而引起。

外保温复合墙体热阻：各气候区有不同要求，需由设计人员进行设计。

4.0.7 应按本规程附录 A 第 A.8 节规定对胶粘剂进行拉伸粘结强度检验。

4.0.8 胶粘剂与水泥砂浆的拉伸粘结强度在干燥状态下不得小于 0.6MPa，浸水 48h 后不得小于 0.4MPa；与 EPS 板的拉伸粘结强度在干燥状态和浸水 48h 后均不得小于 0.1MPa，并且破坏部位应位于 EPS 板内。

【4.0.7～4.0.8 解析】 4.0.8 条为强制性条文。胶粘剂的性能关键是与 EPS 板的附着力，因此规定破坏部位应位于 EPS 板内。胶粘剂的粘结强度并不是越高越好，指标过高只会造成浪费。许多厂家同时用胶粘剂作为抹面胶浆使用，粘结强度指标过高还会增大抹面层的水蒸气渗透阻，不利于墙体中水分的排出。

4.0.9 应按本规程附录 A 第 A12.2 条规定对玻纤网进行耐碱拉伸断裂强力检验。

4.0.10 玻纤网经向和纬向耐碱拉伸断裂强力均不得小于 750N/50mm，耐碱拉伸断裂强力保留率均不得小于 50%。

【4.0.9~4.0.10解析】 4.0.10条为强制性条文。只规定了玻纤网耐碱拉伸断裂强力和断裂强力保留率，对玻纤网的材料成分未作规定。本条规定主要参考了欧洲、德国和美国的相关标准。

JC 561.2-××××增强用玻璃纤维网布　第二部分：聚合物基外墙外保温用玻璃纤维网布　编制过程中做了大量验证试验，表明按JC/T 841-1999耐碱玻璃纤维网格布标准生产的耐碱网布的耐碱性比不上经过耐碱涂覆的中碱纤维网布。原因之一是JC/T 841规定的涂覆量过小，不能满足本规程第4.0.10条规定。

4.0.11 外保温系统其他主要组成材料性能应符合表4.0.11规定。

表4.0.11　外墙外保温系统组成材料性能要求

<table>
<tr><th colspan="3" rowspan="2">检验项目</th><th colspan="2">性能要求</th><th rowspan="2">试验方法</th></tr>
<tr><th>EPS板</th><th>胶粉EPS颗粒保温浆料</th></tr>
<tr><td rowspan="12">保温材料</td><td colspan="2">密度（kg/m³）</td><td>18~22</td><td>—</td><td>GB/T 6343-1995</td></tr>
<tr><td colspan="2">干密度（kg/m³）</td><td>—</td><td>180~250</td><td>GB/T 6343-1995
（70℃恒重）</td></tr>
<tr><td colspan="2">导热系数[W/（m·K）]</td><td>≤0.041</td><td>≤0.060</td><td>GB 10294-88</td></tr>
<tr><td colspan="2">水蒸气渗透系数
[ng/（Pa·m·s）]</td><td>符合设计要求</td><td>符合设计要求</td><td>附录A第A.11节</td></tr>
<tr><td colspan="2">压缩性能（MPa）
（形变10%）</td><td>≥0.10</td><td>≥0.25
（养护28d）</td><td>GB 8813-88</td></tr>
<tr><td rowspan="2">抗拉强度（MPa）</td><td>干燥状态</td><td>≥0.10</td><td rowspan="2">≥0.10</td><td rowspan="2">附录A第A.7节</td></tr>
<tr><td>浸水48h，取出后干燥7d</td><td>—</td></tr>
<tr><td colspan="2">线性收缩率（%）</td><td>—</td><td>≤0.3</td><td>GBJ 82-85</td></tr>
<tr><td colspan="2">尺寸稳定性（%）</td><td>≤0.3</td><td>—</td><td>GB 8811-88</td></tr>
<tr><td colspan="2">软化系数</td><td>—</td><td>≥0.5（养护28d）</td><td>JGJ 51-2002</td></tr>
<tr><td colspan="2">燃烧性能</td><td>阻燃型</td><td>—</td><td>GB/T 10801.1-2002</td></tr>
<tr><td colspan="2">燃烧性能级别</td><td>—</td><td>B_1</td><td>GB 8624-1997</td></tr>
</table>

续表 4.0.11

<table>
<tr><th colspan="3" rowspan="2">检验项目</th><th colspan="2">性能要求</th><th rowspan="2">试验方法</th></tr>
<tr><th>EPS板</th><th>胶粉EPS颗粒保温浆料</th></tr>
<tr><td rowspan="3">EPS钢丝网架板</td><td rowspan="2">热阻
($m^2 \cdot K/W$)</td><td>腹丝穿透型</td><td colspan="2">≥0.73（50mm厚EPS板）
≥1.5（100mm厚EPS板）</td><td rowspan="2">附录A第A.9节</td></tr>
<tr><td>腹丝非穿透型</td><td colspan="2">≥1.0（50mm厚EPS板）
≥1.6（80mm厚EPS板）</td></tr>
<tr><td colspan="2">腹丝镀锌层</td><td colspan="3">符合 QB/T 3897－1999 规定</td></tr>
<tr><td>抹面胶浆、抗裂砂浆、界面砂浆</td><td colspan="2">与EPS板或胶粉EPS颗粒保温浆料拉伸粘结强度（MPa）</td><td colspan="2">干燥状态和浸水48h后≥0.10，破坏界面应位于EPS板或胶粉EPS颗粒保温浆料</td><td>附录A第A.8节</td></tr>
<tr><td>饰面材料</td><td colspan="4">必须与其他系统组成材料相容，应符合设计要求和相关标准规定</td><td></td></tr>
<tr><td>锚栓</td><td colspan="4">符合设计要求和相关标准规定</td><td></td></tr>
</table>

【4.0.11 解析】 本条规定了外保温系统其他主要组成材料的性能要求。

《规程》中的表 4.0.11 中规定了 EPS 板、胶粉 EPS 颗粒保温浆料和 EPS 钢丝网架板等保温材料的有关性能。

EPS 板导热系数小，弹性多孔结构能吸收热湿应力，即使在罕见的气候条件下材料中出现水蒸气凝结并且结冰，自身结构也不会破坏，具有很好的使用耐久性。EPS 板自重轻，且具有一定的抗压、抗拉强度，靠自身强度能支承抹面保护层，不需要拉接件，避免形成热桥。EPS 板化学稳定性好，耐酸碱，具有很好的使用耐久性。EPS 板具有上述诸多优点，并且价格适中，是当今世界上在外保温中使用最广泛的绝热材料。

《规程》中的表 4.0.11 中规定，EPS 板密度为 18～22kg/m^3。密度 18kg/m^3 的 EPS 板，导热系数 0.037，抗拉强度 0.2MPa。规定上限，主要考虑密度过高时，弹性模量也随之增大。EPS 板的温度系数大于抹面层材料，规定密度上限，可避免温度应力过大造成的影响。

规定保温板的尺寸稳定性，是为了减小保温板上墙后产生的永久性收缩，避免因保温板收缩而造成抹面层裂缝。EPS板在加热成型后会产生收缩，这就是后收缩。后收缩的收缩率起初较快，以后逐渐变慢。《膨胀聚苯板薄抹灰外墙外保温系统》JG 149中规定，膨胀聚苯板出厂前应在自然条件下陈化42d或在60℃蒸气中陈化5d。聚苯板的尺寸变化率对外保温工程表面抗裂性有一定影响，《规程》中的表4.0.11中规定尺寸稳定性小于或等于0.3%。欧洲标准中规定为±0.2%。1989年编制聚苯板标准时，我们对国内几个厂家的产品做了验证试验，EPS板在70℃下的尺寸变化率在0.07%~0.38%之间。

《规程》中的表4.0.11中规定胶粉聚苯颗粒保温浆料干密度为180~250kg/m^3。干密度与强度和导热系数密切相关，规定下限主要是为了保证具有足够的抗拉强度，规定上限是为了保证具有较合适的导热系数。胶粉聚苯颗粒保温浆料干密度是EPS板的10倍以上。导热系数0.06，是EPS板的1.6倍。抗拉强度只有EPS板的一半。然而，EPS板粘结面积为40%。保温浆料粘结面积为100%。由此可见保温浆料外保温的安全性是没有问题的。如果不适当地提高强度，势必造成导热系数增大。而为了满足节能设计要求，又不得不增加保温层厚度，从而增加造价，使产品失去竞争力。

EPS板外保温，面层只有3mm厚，蓄热能力小。EPS板导热系数又小，表面吸收的太阳辐射热不能传入墙体，导致表面温度大幅度上升。夏季阳光下表面温度可高达80℃，如果突降暴雨，温度会急剧下降，温度变化幅度可达50℃以上。保温浆料外保温，蓄热能力导热能力都大于EPS板。温度变化幅度和变化的速度都比EPS板外保温小，由此产生的温度应力也小，十分有利于表面抗裂。保温浆料燃烧性能级别为B1级，防火性能优于EPS板。

EPS钢丝网架板热阻应通过实测确定，并且钢丝网上应做抹灰或浇筑混凝土，因为钢丝网架板的传热与EPS板两侧的边界条件关系极大。《规程》中的表 4.0.11 中 EPS 钢丝网架板的热阻指标是在综合实测数据后确定的。表 3.4-2 为实测数据汇总表。

表 3.4-2　EPS 钢丝网架板热阻检测数据汇总表

序号	EPS 板厚度（mm）	热阻（$m^2 \cdot K/W$）	试　样　构　造
1	50	0.76	腹丝穿透型 两面各抹 3cm 水泥砂浆，$\phi 2.0$ 腹丝 200 根/m^2
2	100	1.65	
3	60	0.60	腹丝穿透型 两面各抹 3cm 水泥砂浆，$\phi 2.2$ 腹丝 400 根/m^2
4	50	1.09	腹丝非穿透型，腹丝插入聚苯板中深度为 38mm 单面抹 2cm 水泥砂浆，$\phi 2.0$ 腹丝 400 根/m^2
5	80	1.67	腹丝非穿透型，腹丝插入聚苯板中深度为 60mm 单面抹 2cm 水泥砂浆，$\phi 2.0$ 腹丝 400 根/m^2

饰面层包括腻子和涂料。饰面材料除相容性外，要求腻子应为柔性耐水腻子，涂料应具有较好的水蒸气渗透性。表 3.4-3 列出了两家国外公司外保温用涂料的水蒸气渗透阻。

表 3.4-3　两家国外公司外保温用涂料的水蒸气渗透阻

公司名称	产品牌号	用　途	水蒸气渗透阻（$m^2 \cdot h \cdot Pa/g$）	说　　明
DRYVIT（专威特）	Weatherlastic Smooth	柔性防水弹性面层涂料	3.24×10^2	0.254mm 干燥涂膜
PAREX（帕瑞克）	400，400S	弹性面层涂料	4.94×10^2	遮盖率： 7～15m^2/29.5kg
	415，415S	弹性罩面涂料	3.55×10^2	0.15mm 干燥涂膜

锚栓：本规程中对锚栓未作具体规定，需由设计人员提出要求。对于 EPS 板薄抹灰系统，辅助锚栓指标可按 JG 149 选取，单个锚栓抗拉承载力标准值为大于或等于 0.30kN。

4.0.12 本章所规定的检验项目应为型式检验项目，型式检验报告有效期为 2 年。

【4.0.12 解析】 规定型式检验项目和型式检验报告有效期，是为了避免重复检验。有些检验项目，例如耐候性，是对系统构造和组成材料性能的综合检验，检验持续时间长，检验费用高。只要系统构造和组成材料不变，就没有必要针对每个工程都做复检。这样也可减轻企业负担。

3.5 设 计 与 施 工

5.0.1 设计选用外保温系统时，不得更改系统构造和组成材料。

【5.0.1 解析】 本规程中将外保温系统作为一个整体来考虑。外保温系统的设计和安装是遵照系统供应商的设计和安装说明进行的。整套组成材料都由系统供应商提供，系统供应商最终对整套材料负责。系统供应商应对外保温系统的所有组成部分作出规定。

本规程规定的 5 种外保温构造系统，保温材料均为 EPS，保护层均为现场抹面做法，饰面层均未涉及面砖饰面。每种构造系统都是一个完整的整体，都有其特定的组成材料和系统构造。目前，建筑市场上有各种各样的外保温做法，有使用挤塑板（XPS）的，有贴饰面砖的，有装配式的。以后还会有更多的构造形式出现。其中有些做法尚处在试验阶段，存在需要解决的独特问题，而且需要进一步的试验检验和工程实践检验。

用挤塑板（XPS）做外保温，至今已做了大量工程。与 EPS 板相比，XPS 板硬度较高而且不易粘结，需要开发外保温专用挤塑板和与之相配套的界面处理材料、胶粘剂和抹面胶浆等，不能简单地只把 EPS 板换成 XPS 板，而套用原来用于 EPS 板的配套材料。

又如保温浆料系统，有人把干密度提高到 300 ~ 400kg/m^3，用普通水泥砂浆做抹面层，不加玻纤网。这种做法用于涂料饰面是不适当的。密度高时强度高，保温性能差，对于涂料饰面，没有必要把强度搞得过高，重点是要有好的保温性能。水泥砂浆做抹面层并且不加玻纤网，很容易造成抹面层开裂。

还有一个普遍存在的问题是，外保温产品供应商往往只供应保温板、胶粘剂和抹面胶浆，有的甚至连保温板也不供应。涂料、腻子由开发商或施工单位自行购买。这种做法难以保证工程质量和外保温工程的使用耐久性。

5.0.2 外保温复合墙体的热工和节能设计应符合下列规定：

1 保温层内表面温度应高于0℃；

2 外保温系统应包覆门窗框外侧洞口、女儿墙以及封闭阳台等热桥部位；

3 对于机械固定EPS钢丝网架板外墙外保温系统，应考虑固定件、承托件的热桥影响。

【5.0.2解析】 要求基层外表面温度高于0℃，目的是保证基层和胶粘剂不受冻融破坏。

用三维温度场分析程序（STDA）计算表明，门窗框外侧洞口不做保温与做保温相比，外保温墙体平均传热系数增加最多可达70%。空调器托板、女儿墙以及阳台等热桥部位的传热损失也是相当大的。

要求包覆女儿墙等部位，还有一个用意是防止女儿墙开裂。图3.5是几种外墙构造的温度分布图。

图3.5是国外资料中给出的三种外墙保温构造的冬、夏温度分布。由图可以看出，在外保温构造中，尽管室外温度日变化和年变化幅度很大，墙体本身的温度变化却很小，墙体冬夏温差只有11℃。由此可见，外保温能起到保护墙体免受温度应力破坏，避免温度裂缝的产生。与此相反，在内保温的情况下，墙体冬夏温差高达50℃，比未做保温的单一墙体温差（30℃）还要大。这对于防止墙体裂缝是极其不利的。

由图3.5可以看出，做了外保温之后，结构墙体的温度无论

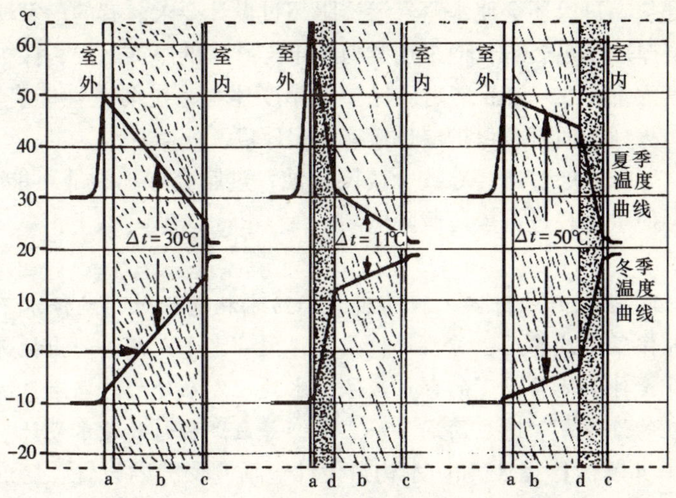

图 3.5　外墙保温构造冬、夏温度分布图

a—外抹灰；b—实心砖墙；c—内抹灰；d—EPS 板

冬夏均接近室内空气温度。而女儿墙在无保温包覆的情况下，冬夏温度均接近室外温度，冬夏温度变化幅度很大，因而温差变形量大，从而导致在女儿墙与外墙接触部位产生温度裂缝。有的工程只在女儿墙外侧做了保温，内侧仍暴露于室外，这种做法仍然不能避免裂缝的产生。

本规程第 4.0.11 条表 4.0.11 中规定的 EPS 钢丝网架板热阻为不含机械固定件情况下的热阻，机械固定系统存在金属固定件和承托件的热桥影响，需作修正。

5.0.3　对于具有薄抹面层的系统，保护层厚度应不小于 3mm 并且不宜大于 6mm。对于具有厚抹面层的系统，厚抹面层厚度应为 25～30mm。

【5.0.3 解析】　薄抹面层主要起防水和抗冲击作用，同时又应具有较小的水蒸气渗透阻。厚度过薄则不能达到足够的防水和抗冲击性能，过厚则会因横向拉应力超过玻纤网抗拉强度而导致抹面

层开裂，过厚还会使水蒸气渗透阻超过设计要求。有的厂家薄抹面层厚度不足2mm，但采用类似于干拌砂浆的厚饰面层，保护层厚度大都在3~6mm之内。保护层厚度还与系统防火性能有关，就防火性能而言，保护层也应有一定厚度。

厚抹面层过薄会导致金属网锈蚀，过厚会增加裂缝可能性，还会使重量超过抗震荷载限值。

5.0.4 应做好外保温工程的密封和防水构造设计，确保水不会渗入保温层及基层，重要部位应有详图。水平或倾斜的出挑部位以及延伸至地面以下的部位应做防水处理。在外墙外保温系统上安装的设备或管道应固定于基层上，并应做密封和防水设计。

【5.0.4 解析】 密封和防水构造设计包括变形缝的设置、变形缝的构造设计以及系统的起端和终端的包边等。

需设置变形缝的部位有：

（1）基层结构设有伸缩缝、沉降缝和防震缝处；

（2）预制墙板相接处；

（3）外保温系统与不同材料相接处；

（4）基层材料改变处；

（5）结构可能产生较大位移的部位，例如建筑体形突变或结构体系变化处；

（6）经计算需设置变形缝处。

系统的起端和终端包括以下部位：

（1）门窗周边；

（2）穿墙管线洞口；

（3）檐口、女儿墙、勒脚、阳台、雨篷等尽端；

（4）变形缝及基层不同构造、不同材料结合处；

（5）EPS板装饰造型。

外墙外保温系统构造做法是针对竖直墙面和不受雨淋的水平或倾斜的表面的。对于水平或倾斜的出挑部位，表面应增设防水层。水平或倾斜的出挑部位包括窗台、女儿墙、阳台、雨篷等，这些部位有可能出现积水、积雪情况。

5.0.5 除采用现浇混凝土外墙外保温系统外，外保温工程的施工应在基层施工质量验收合格后进行。

【5.0.5解析】 外保温工程（尤其对于薄抹面层外保温系统）抹面层和饰面层尺寸偏差很大程度上取决于基层。因此，基层的尺寸偏差必须合格。

5.0.6 除采用现浇混凝土外墙外保温系统外，外保温工程施工前，外门窗洞口应通过验收，洞口尺寸、位置应符合设计要求和质量要求，门窗框或辅框应安装完毕。伸出墙面的消防梯、水落管、各种进户管线和空调器等的预埋件、连接件应安装完毕，并按外保温系统厚度留出间隙。

5.0.7 外保温工程的施工应具备施工方案，施工人员应经过培训并经考核合格。

【5.0.7解析】《建筑工程施工质量验收统一标准》GB 50300－2001第3.0.1条规定，施工现场质量管理应有相应的施工技术标准。第3.0.2条规定，各工序应按施工技术标准进行质量控制，每道工序完成后，应进行检查。

施工方案中一般包含以下内容：

(1) 施工工序及施工间隔时间；

为使材料有时间充分硬化，需规定保温层、抹面层和饰面层各层施工的间隔时间。

(2) 施工机具；

(3) 基层处理；

(4) 环境温度和养护条件要求；

(5) 施工方法；

(6) 材料用量；

(7) 各工序施工质量要求；

(8) 成品保护。

5.0.8 基层应坚实、平整。保温层施工前，应进行基层处理。

5.0.9 EPS板表面不得长期裸露，EPS板安装上墙后应及时做抹面层。

【5.0.9解析】 EPS板在表面裸露的情况下极易因直射阳光和风化作用而损坏。

EPS板的使用耐久性

老化试验机试验：日本WEL-6X-HCE型老化试验机，氙灯功率6kW，每小时降雨12min，加热48min，温度55℃，相对湿度95%。EPS板试样1表面裸露，试样2表面覆盖一层牛皮纸。试验500h后，试样1表面呈凹凸不平状，凹陷深度小于1mm。试样2 EPS板表面无变化。

室外自然暴露试验：EPS板表面裸露，分别放置在屋面、阳台经受日光照射，在不到1个月的时间内，EPS板表面即开始粉化。即使放在朝北的窗外，经过一个冬季室外暴露，表面也已明显粉化。

使用调查：意大利某朝南的外墙，用EPS板做外保温，表面只做一薄层抹面层和涂料饰面。使用10年后取样检验，EPS板的多孔结构、密度、热工性能和力学性能没有发生任何变化。国内铁路冷藏车箱用EPS板做保温层，使用8~10年后拆换下来，放在露天经受日晒风吹雨淋，只是表皮变得粗糙。用电热丝切割后观察，切割表面与新的产品并无区别。经试验室检测，密度为17.8kg/m^3，导热系数为0.0335W/（m·K）。车厢底部EPS板，因长期受盐水浸泡，密度为103.8kg/m^3，导热系数为0.0386W/（m·K）。在70℃下烘12d，密度下降为30.5kg/m^3。折断后观察，EPS颗粒表面被盐水浸成黄色。将颗粒切开后，内部仍为白色。

以上情况表明，EPS板具有很好的使用耐久性。不过当EPS板直接暴露于室外气候条件下时，表面又极易受到损坏。然而，当EPS板表面做有保护层时，哪怕只有一层牛皮纸，都能具有良好的耐自然老化性能。

5.0.10 薄抹面层施工时，玻纤网不得直接铺在保温层表面，不得干搭接，不得外露。

【5.0.10 解析】 EPS 板外墙外保温系统抹面层可按以下步骤施工：

(1) EPS 板粘结牢固后（至少 24h）方可进行抹面层施工。

(2) 抹抹面层前应检查 EPS 板是否粘结牢固，松动的 EPS 板应取下重贴，并应待粘结牢固后再进行下面的施工。应将大于 2mm 的板间缝隙用 EPS 板条填实，不得用胶粘剂填塞缝隙。填缝板条不得涂胶粘剂。有表皮的板面应磨去表皮。应将板间高差大于 1mm 的部位打磨平整。阳角应弹墨线并打磨至与墨线齐平。

(3) 抹面胶浆应随用随拌，已搅拌好的抹面胶浆应在 2h 内用完。

(4) 抹面层宜采用两道抹灰法施工。用不锈钢抹子在 EPS 板表面均匀涂抹一层面积略大于一块玻纤网的抹面胶浆，厚度约为 2mm。立即将网格布压入湿的抹面胶浆中，待抹面胶浆稍干硬至可以碰触时抹第二道，使网格布被全部覆盖。

5.0.11 外保温工程施工期间以及完工后 24h 内，基层及环境空气温度不应低于 5℃。夏季应避免阳光暴晒。在 5 级以上大风天气和雨天不得施工。

【5.0.11 解析】 在高湿度和低温天气下，保护层和保温浆料干燥过程可能需要几天的时间。新抹涂层表面看似硬化和干燥，但往往仍需要采取保护措施使其在整个厚度内充分养护，特别是在冻结温度、雨、雪或其他有害气候条件很有可能出现的情况下。

5℃以下的温度可能由于减缓或停止丙烯酸聚合物成膜而防碍涂层的适当养护。由寒冷气候造成的伤害短期内往往不易被发现，但是长久以后就会出现涂层开裂、破碎或分离。

像过分寒冷一样，突然降温可影响涂层的养护，其影响很快就会表现出来。突然降雨可将未经养护的新抹涂料直接从墙上冲掉。在情况允许时，可采取遮阳、防雨和防风措施。例如搭帐篷和用防雨帆布遮盖。为保持适当的养护温度，可能不得不采取辅助采暖措施。

5.0.12 外保温施工各分项工程和子分部工程完工后应做好成品保护。

【5.0.12 解析】 外保温施工各分项工程和子分部工程完工后的成品保护包含以下内容：

（1）防晒、防风雨、防冻；

（2）防止施工污染；

（3）吊运物品或拆脚手架时防止撞击墙面；

（4）防止踩踏窗口；

（5）对碰撞坏的墙面及时修补。

3.6 外墙外保温系统构造和技术要求

3.6.1 EPS 板薄抹灰外墙外保温系统

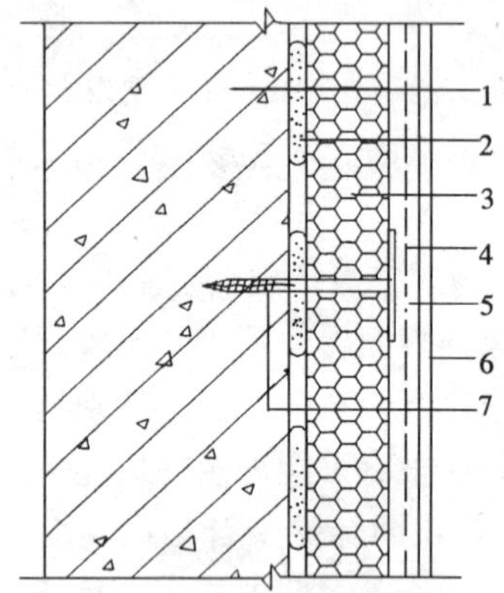

图 6.1.1 EPS 板薄抹灰系统
1—基层；2—胶粘剂；3—EPS板；4—玻纤网；5—薄抹面层；6—饰面涂层；7—锚栓

6.1.1 EPS 板薄抹灰外墙外保温系统（以下简称 EPS 板薄抹灰系统）由 EPS 板保温层、薄抹面层和饰面涂层构成，EPS 板用胶粘剂固定在基层上，薄抹面层中满铺玻纤网（图 6.1.1）。

【6.1.1 解析】 本条规定了 EPS 板薄抹灰系统的构造。本条中规定保温层为 EPS 板，固定方式为粘结固定，饰面层为涂层。欧洲使用最久的 EPS 板薄抹面外保温系统实际工程已将近 40 年，并且在试验室试验与试验性建筑对比分析的基础上制定了标准、规定了

成套的检验方法。大量工程实践证实，EPS板薄抹面外保温系统使用年限可超过25年。

目前，工程上有在EPS板表面加镀锌钢丝网贴面砖的，有使用挤塑板（XPS）做保温层并做面砖饰面的，而且由于担心挤塑板粘贴不牢而采用粘钉结合方式固定。这些构造方式都不在本条规定的范围之内，其耐久性尚需通过长期工程实践的检验。

6.1.2 建筑物高度在20m以上时，在受负风压作用较大的部位宜使用锚栓辅助固定。

【6.1.2解析】 锚栓主要用于在不可预见的情况下对确保系统的安全性起一定的辅助作用。因此胶粘剂应承受系统全部荷载，不能因使用锚栓就放宽对粘结固定性能的要求。

关于锚栓的使用，还有需要注意之处：①当采用点粘方式固定EPS板时，锚栓应钉在粘胶点上，否则会使EPS板因受压而产生弯曲变形，对系统产生不利影响。②宜在粘胶点硬化后再钉锚栓。如果想在粘贴保温板的同时用锚栓临时帮助固定，固定锚栓时应适当掌握紧固压力，以保证保温板粘贴的平整度。③应根据不同的基层墙体，选用不同类型的锚栓。④锚栓在基层墙体中应有一定的锚固深度。

本规程编制过程中，注意到部分供应商的外保温系统构造中不使用锚栓的情况。在供应商能够自行担保系统安全性的情况下，也可不使用锚栓。

6.1.3 EPS板宽度不宜大于1200mm，高度不宜大于600mm。

【6.1.3解析】 EPS板尺寸过大时，可能因基层和板材的不平整而导致虚粘以及表面平整度不易调整等施工质量问题。

6.1.4 必要时应设置抗裂分隔缝。

【6.1.4解析】 是否需要设分隔缝与外保温系统所使用的材料性能、基层墙体构造以及外保温系统设计等因素有关，一般由系统

供应商根据所提供产品的性能来确定是否设分隔缝。我们在欧洲参观外保温工程时，曾看到从一层至6层楼，正面山墙连成一片，未设一条分隔缝。

装饰缝或凹槽的施工：

用墨线标出所有装饰缝或凹槽的位置。装饰缝或凹槽一般可用电动开槽器或专用电热刀切割，凹槽底部保温板厚度必须至少保留19mm。EPS板薄抹面层应不间断地通过这些凹槽部位，施工时应先在这些凹槽部位预铺加强网，然后抹大面的抹面层。预铺加强网时，先在凹槽中和两侧约6.5cm的范围内抹第一层抹面胶浆。把宽度约12cm的玻纤网条铺在抹面胶浆上，使用一个与凹槽外形相同的特制工具在凹槽处将网埋入凹槽中，在此过程中应避免将网划破。用抹子在凹槽两侧完成嵌埋局部网。如果仍可看见网纹，应再加抹一层抹面胶浆。为使外观更平滑，可使用油漆刷做细部处理。

6.1.5 EPS板薄抹灰系统的基层表面应清洁，无油污、脱模剂等妨碍粘结的附着物。凸起、空鼓和疏松部位应剔除并找平。找平层应与墙体粘结牢固，不得有脱层、空鼓、裂缝，面层不得有粉化、起皮、爆灰等现象。

6.1.6 应按本规程附录B第B.1节规定做基层与胶粘剂的拉伸粘结强度检验，粘结强度不应低于0.3MPa，并且粘结界面脱开面积不应大于50%。

6.1.7 粘贴EPS板时，应将胶粘剂涂在EPS板背面，涂胶粘剂面积不得小于EPS板面积的40%。

【6.1.7解析】 胶粘剂涂在EPS板表面可保证可靠粘结。规定涂胶粘剂面积不得小于40%主要考虑了风荷载、安全系数以及现场施工的不确定性。

在EOTA ETAG 004中，对于EPS板粘结固定系统，只规定做粘结强度检验，既可保证系统与基层墙体连接的牢固性。密度18kg/m^{3}以上的EPS板，抗拉强度大都在150kPa以上。当粘贴面积为40%时，必须有每平方米6t以上的拉力才能把EPS板拉掉。

而正常情况下风荷载最大也超不过10kPa，也就是每平方米1吨力。EPS板薄抹灰系统只要粘结强度和涂胶粘剂面积符合本规程规定，并且有足够的板厚，就可保证有足够的抗风荷载性能。

6.1.8 EPS板应按顺砌方式粘贴，竖缝应逐行错缝。EPS板应粘贴牢固，不得有松动和空鼓。

6.1.9 墙角处EPS板应交错互锁（图6.1.9a）。门窗洞口四角处

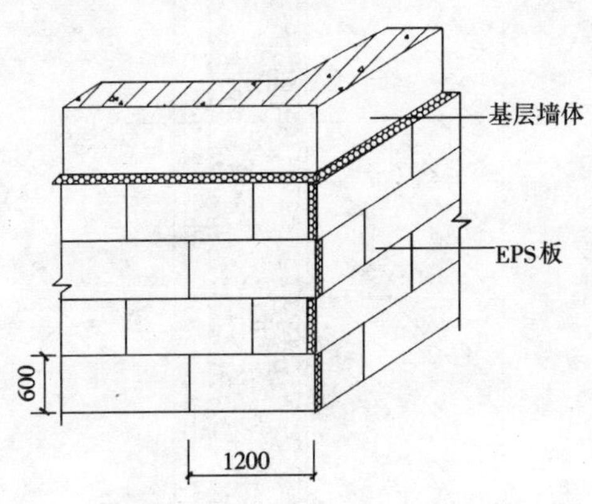

图6.1.9（a） EPS板排板图

EPS板不得拼接，应采用整块EPS板切割成形，EPS板接缝应离开角部至少200mm（图6.1.9b）。

【6.1.9解析】 门窗四角是应力集中部位，规定门窗洞口四角处EPS板不得拼接，应采用整块EPS板切割成形是为了避免因板缝而产生裂缝。

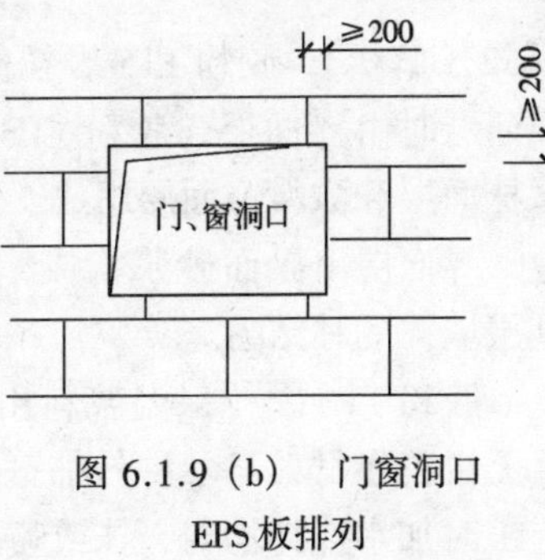

图6.1.9（b） 门窗洞口EPS板排列

6.1.10 应做好系统在檐口、勒脚处的包边处理。装饰缝、门窗四角和阴阳角等处应做好局部加强网施工。变形缝处应做好防水和保温构造处理。

3.6.2 胶粉EPS颗粒保温浆料外墙外保温系统

6.2.1 胶粉EPS颗粒保温浆料外墙外保温系统（以下简称保温浆料系统）应由界面层、胶粉EPS颗粒保温浆料保温层、抗裂砂浆薄抹面层和饰面层组成（图6.2.1）。胶粉EPS颗粒保温浆料经现场拌合后喷涂或抹在基层上形成保温层。薄抹面层中应满铺玻纤网。

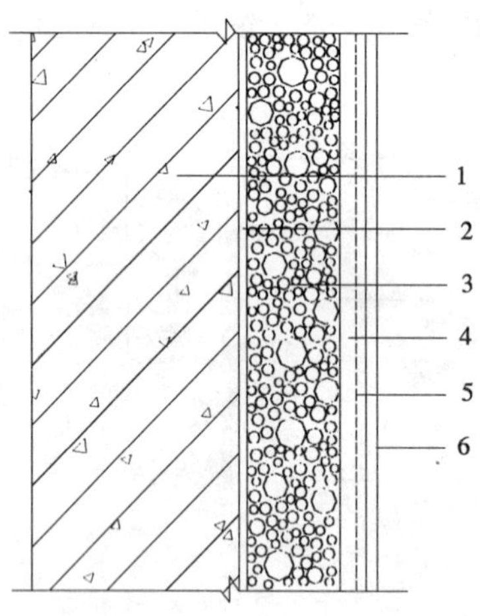

图6.2.1 保温浆料系统

1—基层；2—界面砂浆；3—胶粉EPS颗粒保温浆料；4—抗裂砂浆薄抹面层；5—玻纤网；6—饰面层

【6.2.1解析】 胶粉EPS颗粒保温浆料外墙外保温系统以涂料做饰面层时由界面层、胶粉EPS颗粒保温浆料保温层、抗裂砂浆薄抹面层和涂料饰面层组成。

界面层由界面砂浆构成，可增强胶粉EPS颗粒保温浆料与基层墙体的粘结力。

胶粉EPS颗粒保温浆料由胶粉料和EPS颗粒组成，胶粉料由无机胶凝材料与各种外加剂在工厂采用预混合干拌技术制成。施工时加水搅拌均匀，抹或喷在基层墙面上形成保温层。

抗裂砂浆薄抹面层由抗裂砂浆和玻纤网构成，用以提高保护层的机械强度和抗裂性。

涂料饰面层能够满足一定变形而保持不开裂。

《胶粉聚苯颗粒外墙外保温系统》JG 158－2004 中增加了面砖饰面构造做法，并规定了相关材料如面砖粘结砂浆、面砖勾缝料、塑料锚栓、热镀锌电焊网、饰面砖等的性能指标。

6.2.2 胶粉 EPS 颗粒保温浆料保温层设计厚度不宜超过 100mm。

6.2.3 必要时应设置抗裂分隔缝。

【6.2.3 解析】 见 6.1.4 条文解析。

6.2.4 基层表面应清洁，无油污和脱模剂等妨碍粘结的附着物，空鼓、疏松部位应剔除。

6.2.5 胶粉 EPS 颗粒保温浆料宜分遍抹灰，每遍间隔时间应在 24h 以上，每遍厚度不宜超过 20mm。第一遍抹灰应压实，最后一遍应找平，并用大杠搓平。

6.2.6 保温层硬化后，应现场检验保温层厚度并现场取样检验胶粉 EPS 颗粒保温浆料干密度。

6.2.7 现场取样胶粉 EPS 颗粒保温浆料干密度不应大于 250kg/m^3，并且不应小于 180kg/m^3。现场检验保温层厚度应符合设计要求，不得有负偏差。

【6.2.6～6.2.7 解析】 胶粉 EPS 颗粒保温浆料的保温性能和力学性能都与干密度密切相关。只要控制了干密度和厚度，就可基本上控制住它的保温性能和力学性能。使用保温浆料做保温层与使用 EPS 板的重要区别在于，保温浆料保温层的厚度掌握在施工工人的手中。工程现场检验保温层厚度达不到设计要求的情况并不鲜见，现场检验保温层厚度十分必要。

3.6.3 EPS 板现浇混凝土外墙外保温系统

6.3.1 EPS 板现浇混凝土外墙外保温系统（以下简称无网现浇

系统）以现浇混凝土外墙作为基层，EPS 板为保温层。EPS 板内表面（与现浇混凝土接触的表面）沿水平方向开有矩形齿槽，内、外表面均满涂界面砂浆。在施工时将 EPS 板置于外模板内侧，并安装锚栓作为辅助固定件。浇灌混凝土后，墙体与 EPS 板以及锚栓结合为一体。EPS 板表面抹抗裂砂浆薄抹面层，外表以涂料为饰面层（图 6.3.1），薄抹面层中满铺玻纤网。

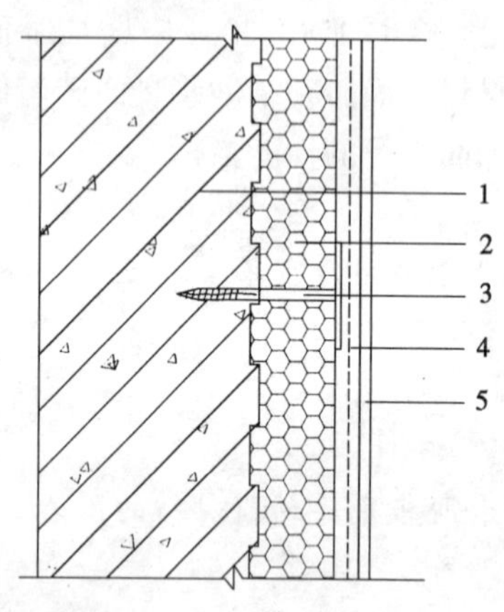

图 6.3.1　无网现浇系统

1—现浇混凝土外墙；2—EPS 板；3—锚栓；4—抗裂砂浆薄抹面层；5—饰面层

6.3.2　无网现浇系统 EPS 板两面必须预喷刷界面砂浆。

【6.3.2 解析】 本条为强制性条文。要求 EPS 板两面必须预涂界面砂浆，是为了确保 EPS 板与现浇混凝土和面层局部修补、找平材料能够牢固地粘结以及保护 EPS 板不受阳光和风化作用破坏。

在该构造系统开发初期，为了增加 EPS 板与现浇混凝土的结合力，在 EPS 板内表面沿水平方向开了矩形齿槽，并安装了锚栓作为辅助固定件（见《规程》中的图 6.3.1 ）。编制本规程时，考虑到从粘结机理上看，EPS 板与混凝土不可能有可靠的粘结，现场检验也发现破坏面大多在 EPS 板表面。因此规定必须预喷刷界面砂浆，并规定为强制性条文。

值得注意的是，现在工程上用于这种构造系统的 EPS 板，还有很多都是未按本条规定做界面处理的。工程监理单位需注意检查。

6.3.3　EPS 板宽度宜为 1.2m，高度宜为建筑物层高。

6.3.4　锚栓每平方米宜设 2~3 个。

【6.3.3~6.3.4解析】 EPS板和锚栓可按以下方法安装：

(1) 绑扎完墙体钢筋后在外墙钢筋外侧绑扎水泥垫块（不能使用塑料卡）。每块EPS板不少于6块。

(2) 安装EPS板时，先安装阴阳角，然后顺两侧进行安装。如施工段较大可在两处或两处以上同时安装。首先在安装上墙的板高低槽口立面及高低槽口平面处均匀涂刷一层胶粘剂，接着将待安装的EPS板在对应部位涂刷胶粘剂，然后进行拼装，使相邻EPS板相互紧密粘结。

(3) 在拼装好的EPS板表面上按设计尺寸弹线，标出锚栓位置，使锚栓呈梅花状分布。每块EPS板上锚栓数量不少于5个。

(4) EPS板拼缝处需布置锚栓，门窗洞口过梁上设一个或多个锚栓。

(5) 安装锚栓前，在EPS板上预先穿孔，然后用火烧丝将锚栓绑扎在墙体钢筋上。

6.3.5 水平抗裂分隔缝宜按楼层设置。垂直抗裂分隔缝宜按墙面面积设置，在板式建筑中不宜大于30m^2，在塔式建筑中可视具体情况而定，宜留在阴角部位。

6.3.6 应采用钢制大模板施工。

6.3.7 混凝土一次浇筑高度不宜大于1m，混凝土需振捣密实均匀，墙面及接茬处应光滑、平整。

【6.3.6~6.3.7解析】 规定采用钢制大模板和混凝土一次浇筑高度不大于1m，是为了保证混凝土浇筑后EPS板的表面平整和接茬高差等符合规定。众所周知，浇筑混凝土时会产生侧压力，一次浇筑高度越大，底部EPS板所受侧压力越大。拆模后EPS板回弹，造成板面出现接茬高差。密度18kg/m^{3}以上的EPS板，形变10%时的压缩性能一般大于0.1MPa。这就是说，当侧压力为每平方米10t时，50mm厚的EPS板的压缩形变最多也不超过5mm。当一次浇筑高度为1m时，底部侧压力只有2t左右。由此可见，只要符合6.3.6~6.3.7条规定，接茬高差就不会超过

10mm。

6.3.8 混凝土浇筑后，EPS板表面局部不平整处宜抹胶粉EPS颗粒保温浆料修补和找平，修补和找平处厚度不得大于10mm。

【6.3.8解析】 本条规定使用胶粉EPS颗粒保温浆料进行修补和找平，主要考虑防裂和减轻自重，这种做法已经得到大量工程应用和多次试验室大型耐候性试验的验证。而且到目前为止，还没有发现其他更好的做法。用普通水泥砂浆找平是不可取的。

规定找平厚度不得大于10mm，是基于第6.3.6和6.3.7条规定作出的，也是可以做到的。找平厚度过大，势必影响系统稳定性。至于由于施工原因导致垂直度偏差过大问题，应在施工技术和施工质量方面下功夫。

3.6.4 EPS钢丝网架板现浇混凝土外墙外保温系统

6.4.1 EPS钢丝网架板现浇混凝土外墙外保温系统（以下简称有网现浇系统）以现浇混凝土为基层，EPS单面钢丝网架板置于外墙外模板内侧，并安装 $\phi6$ 钢筋作为辅助固定件。浇灌混凝土后，EPS单面钢丝网架板挑头钢丝和 $\phi6$ 钢筋与混凝土结合为一体，EPS单面钢丝网架板表面抹掺外加剂的水泥砂浆形成厚抹面层，外表做饰面层（图6.4.1）。以涂料做饰面层时，应加抹玻纤网抗裂砂浆薄抹面层。

【6.4.1解析】 厚抹面层水泥砂浆可掺加3%～5%抗裂剂。抗裂砂浆薄抹面层做法与其他薄抹灰系统相同。

6.4.2 EPS单面钢丝网架板每平方米斜插腹丝不得超过200根，斜插腹丝应为镀锌钢丝，板两面应预喷刷界面砂浆。加工质量除应符合表6.4.2规定外，尚应符合现行行业标准《钢丝网架水泥聚苯乙烯夹芯板》JC 623有关规定。

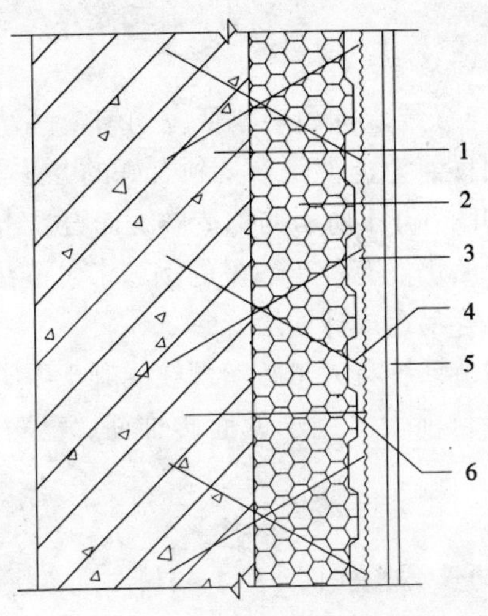

图 6.4.1 有网现浇系统

1—现浇混凝土外墙；2—EPS 单面钢丝网架板；
3—掺外加剂的水泥砂浆厚抹面层；
4—钢丝网架；5—饰面层；6—ϕ6 钢筋

表 6.4.2 EPS 单面钢丝网架板质量要求

项 目	质 量 要 求
外 观	界面砂浆涂敷均匀，与钢丝和 EPS 板附着牢固
焊点质量	斜丝脱焊点不超过 3%
钢丝挑头	穿透 EPS 板挑头不小于 30mm
EPS 板对接	板长 3000mm 范围内 EPS 板对接不得多于两处，且对接处需用胶粘剂粘牢

【6.4.2 解析】 限制每平方米腹丝数量是基于保温要求。在保证力学性能要求的前提下减少腹丝密度可减小腹丝热桥影响。

6.4.3 有网现浇系统 EPS 钢丝网架板厚度、每平方米腹丝数量和表面荷载值应通过试验确定。EPS 钢丝网架板构造设计和施工安装应考虑现浇混凝土侧压力影响，抹面层厚度应均匀，钢丝网应完全包覆于抹面层中。

【6.4.3 解析】 本条要求抹面层厚度应均匀，钢丝网应完全包覆在抹面层中。到目前为止，还未见到有好的办法能做到这一点。就《规程》中的图 6.4.1 所示的构造做法而言，由于侧压力的作用，浇筑混凝土后仍然有一半数量的钢筋未包覆在抹面层中。抹面层成瓦楞状，容易造成抹面层开裂。

由于这种构造系统有大量腹丝埋在混凝土中，与结构墙体的连接比较可靠，目前大多用于做面砖饰面，已很少用于涂料饰面。

6.4.4 ϕ6 钢筋每平方米宜设 4 根，锚固深度不得小于 100mm。

6.4.5 在每层层间宜留水平抗裂分隔缝，层间保温板外钢丝网应断开，抹灰时嵌入层间塑料分隔条或泡沫塑料棒，外表用建筑密封膏嵌缝。垂直抗裂分隔缝宜按墙面面积设置，在板式建筑中不宜大于 30m^2，在塔式建筑中可视具体情况而定，宜留在阴角部位。

6.4.6 应采用钢制大模板施工，并应采取可靠措施保证 EPS 钢丝网架板和辅助固定件安装位置准确。

6.4.7 混凝土一次浇筑高度不宜大于 1m，混凝土需振捣密实均匀，墙面及接茬处应光滑、平整。

6.4.8 应严格控制抹面层厚度并采取可靠抗裂措施确保抹面层不开裂。

3.6.5 机械固定 EPS 钢丝网架板外墙外保温系统

6.5.1 机械固定 EPS 钢丝网架板外墙外保温系统（以下简称机械固定系统）由机械固定装置、腹丝非穿透型 EPS 钢丝网架板、掺外加剂的水泥砂浆厚抹面层和饰面层构成（图 6.5.1）。以涂料做饰面层时，应加抹玻纤网抗裂砂浆薄抹面层。

6.5.2 机械固定系统不适用于加气混凝土和轻集料混凝土基层。

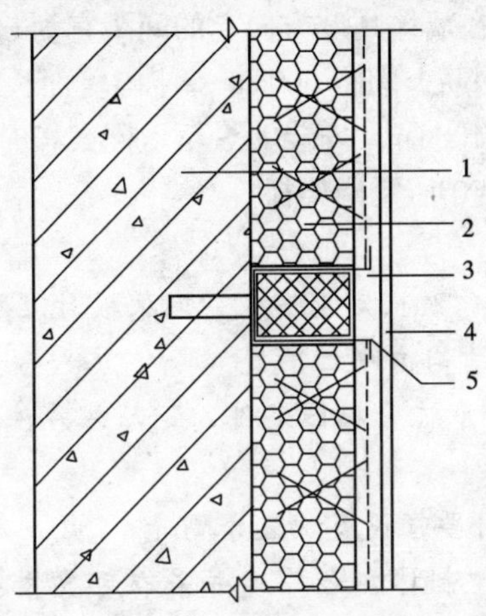

图 6.5.1　机械固定系统

1—基层；2—EPS 钢丝网架板；3—掺外加剂的水泥砂浆厚抹面层；4—饰面层；5—机械固定装置

6.5.3　腹丝非穿透型 EPS 钢丝网架板腹丝插入 EPS 板中深度不应小于 35mm，未穿透厚度不应小于 15mm。腹丝插入角度应保持一致，误差不应大于 3°。板两面应预喷刷界面砂浆。钢丝网与 EPS 板表面净距不应小于 10mm。

6.5.4　腹丝非穿透型 EPS 钢丝网架板除应符合本节规定外，尚应符合现行行业标准《钢丝网架水泥聚苯乙烯夹芯板》JC 623 有关规定。

6.5.5　应根据保温要求，通过计算或试验确定 EPS 钢丝网架板厚度。

6.5.6　机械固定系统锚栓、预埋金属固定件数量应通过试验确定，并且每平方米不应小于 7 个。单个锚栓拔出力和基层力学性能应符合设计要求。

6.5.7　用于砌体外墙时，宜采用预埋钢筋网片固定 EPS 钢丝网架板。

【6.5.7 解析】　混凝土空心砌块墙体采用预埋钢筋网片作为固定

件时，钢筋网片在墙体高度方向上的间距宜为600mm。钢筋网片分布筋宜为$\phi6$钢筋，间距500mm，伸出墙面长度宜超出EPS钢丝网架板外表面100mm。安装EPS钢丝网架板时，使钢筋穿过网架板并向上弯转90°压紧网架板。

6.5.8 机械固定系统固定EPS钢丝网架板时应逐层设置承托件，承托件应固定在结构构件上。

6.5.9 机械固定系统金属固定件、钢筋网片、金属锚栓和承托件应做防锈处理。

6.5.10 应按设计要求设置抗裂分隔缝。

6.5.11 应严格控制抹灰层厚度并采取可靠措施确保抹灰层不开裂。

【6.5.11解析】 EPS钢丝网架板安装完毕后进行检查、校正、补强，然后进行面层抹灰。网架板抹灰可采用1:4水泥砂浆，内掺3%～5%抗裂剂。完成水泥砂浆抹面层后，在外表抹2～3mm的抗裂砂浆薄抹面层并嵌埋玻纤网。

与有网现浇系统相比，机械固定系统使用腹丝非穿透型EPS钢丝网架板。由本规程第4.0.11条解释可以看出，腹丝非穿透型EPS钢丝网架板比穿透型EPS钢丝网架板保温效率高。此外，机械固定系统可以做到抹面层厚度均匀，钢丝网能完全包覆在抹面层中。虽然如此，由于采用水泥砂浆厚抹灰，并且钢丝网网格过大（50mm×50mm），仍然不能保证抹面层不开裂。目前也是大多用于做面砖饰面，很少用于涂料饰面。

3.7 工程验收

7.0.1 外墙外保温工程应按现行国家标准《建筑工程施工质量验收统一标准》GB 50300规定进行施工质量验收。

7.0.2 外保温工程分部工程、子分部工程和分项工程应按表7.0.2进行划分。

表 7.0.2 外保温工程分部工程、子分部工程和分项工程划分

分部工程	子分部工程	分项工程
外保温	EPS板薄抹灰系统	基层处理，粘贴EPS板，抹面层，变形缝，饰面层
	保温浆料系统	基层处理，抹胶粉EPS颗粒保温浆料，抹面层，变形缝，饰面层
	无网现浇系统	固定EPS板，现浇混凝土，EPS局部找平，抹面层，变形缝，饰面层
	有网现浇系统	固定EPS钢丝网架板，现浇混凝土，抹面层，变形缝，饰面层
	机械固定系统	基层处理，安装固定件，固定EPS钢丝网架板，抹面层，变形缝，饰面层

7.0.3 分项工程应以每500～1000m^{2}划分为一个检验批，不足500m^{2}也应划分为一个检验批；每个检验批每100m^{2}应至少抽查一处，每处不得小于10m^2。

【7.0.1～7.0.3解析】《建筑工程施工质量验收统一标准》GB 50300中所划分的分部工程没有包含外保温工程。若将外保温工程划入装饰工程，也有点勉强。这里，我们暂时按分部工程处理。目前，正在着手进行编制的国家标准《建筑节能工程施工验收规范》，将会与《民用建筑热工设计规范》GB 50176协调解决这一问题。

7.0.4 主控项目的验收应符合下列规定：

1 外保温系统及主要组成材料性能应符合本规程要求。

检查方法：检查型式检验报告和进场复检报告。

2 保温层厚度应符合设计要求。

检查方法：插针法检查。

3 EPS板薄抹灰系统EPS板粘结面积应符合本规程要求。

检查方法：现场测量。

4 无网现浇系统粘结强度应符合本规程要求。

检查方法：本规程附录 B 第 B.2 节。

【7.0.4 解析】 主控项目主要涉及使用安全性、耐久性和保温性能。耐久性取决于外保温系统的整体性能，包含在型式检验报告中。

7.0.5 一般项目的验收应符合下列规定：

1 EPS 板薄抹灰系统和保温浆料系统保温层垂直度和尺寸允许偏差应符合现行国家标准《建筑装饰装修工程质量验收规范》GB 50210 规定。

2 现浇混凝土分项工程施工质量应符合现行国家标准《混凝土结构工程施工质量验收规范》GB 50204 规定。

3 无网现浇系统 EPS 板表面局部不平整处的修补和找平应符合本规程要求。找平后保温层垂直度和尺寸允许偏差应符合现行国家标准《建筑装饰装修工程质量验收规范》GB 50210 规定。

厚度检查方法：插针法检查。

4 有网现浇系统和机械固定系统抹面层厚度应符合本规程要求。

检查方法：插针法检查。

5 抹面层和饰面层分项工程施工质量应符合现行国家标准《建筑装饰装修工程质量验收规范》GB 50210 规定。

6 系统抗冲击性应符合本规程要求

检查方法：本规程附录 B 第 B.3 节。

【7.0.5 解析】 一般项目主要涉及尺寸偏差，此外还包括系统抗冲击性。

薄抹面层外保温系统抹面层和饰面层尺寸偏差取决于基层和 EPS 板粘贴的尺寸偏差。由于薄抹面层和饰面层厚度很薄，只有当保温层尺寸偏差符合《建筑装饰装修工程质量验收规范》GB 50210－2001 规定时，才能做到抹面层和饰面层尺寸偏差符合规定。保温层的尺寸偏差又与基层有关，本规程第 5.0.5 条已规定，除采用现浇混凝土外墙外保温系统外，外保温工程的施工应在基层施工质量验收合格后进行。

7.0.6 外墙外保温工程竣工验收应提交下列文件：

1 外保温系统的设计文件、图纸会审、设计变更和洽商记录；

2 施工方案和施工工艺；

3 外保温系统的型式检验报告及其主要组成材料的产品合格证、出厂检验报告、进场复检报告和现场验收记录；

4 施工技术交底；

5 施工工艺记录及施工质量检验记录；

6 其他必须提供的资料。

7.0.7 外保温系统主要组成材料复检项目应符合表7.0.7规定。

表7.0.7 外保温系统主要组成材料复检项目

组成材料	复检项目
EPS板	密度，抗拉强度，尺寸稳定性。用于无网现浇系统时，加验界面砂浆喷刷质量
胶粉EPS颗粒保温浆料	湿密度，干密度，压缩性能
EPS钢丝网架板	EPS板密度，EPS钢丝网架板外观质量
胶粘剂、抹面胶浆、抗裂砂浆、界面砂浆	干燥状态和浸水48h拉伸粘结强度
玻纤网	耐碱拉伸断裂强力，耐碱拉伸断裂强力保留率
腹丝	镀锌层厚度

注：1 胶粘剂、抹面胶浆、抗裂砂浆、界面砂浆制样后养护7d进行拉伸粘结强度检验。发生争议时，以养护28d为准。

2 玻纤网按附录A第A.12.3条检验。发生争议时，以第A.12.2条方法为准。

【7.0.7解析】 保温材料的导热系数和力学性能与密度密切相关，EPS板抗拉强度与熔合质量有关。控制了保温材料的密度范围，基本上就可控制其导热系数和力学性能。

前面第四章已经提到，EPS板成形后需要进行养护或陈化，以保证 EPS 板的尺寸稳定。我们没有办法控制 EPS 板的生产和陈化过程，通过现场复检尺寸稳定性，可保证 EPS 板上墙后不会产生大的后收缩。

3.8A 附录 A 外墙外保温系统及其组成材料性能试验方法

3.8A.1 试样制备、养护和状态调节

A.1.1 外保温系统试样应按照生产厂家说明书规定的系统构造和施工方法进行制备。材料试样应按产品说明书规定进行配制。

【A.1.1 解析】 试样性能与试样制备以及试样尺寸有一定关系。例如，不同生产厂家对抹面层厚度有不同的规定，而抹面层不透水性、保护层水蒸气渗透性、系统吸水量和抗冲击性等又与抹面层厚度有关。因此，不宜作统一规定。

A.1.2 试样养护和状态调节环境条件应为：温度 10～25℃，相对湿度不应低于 50%。

【A.1.2 解析】 考虑到外保温系统对环境条件有很强的适应能力，对试样养护和状态调节环境条件不必作严格规定。本条规定的条件，一般试验室均不难做到。在《有抹面复合外保温系统欧洲技术认定指南》EOTA ETAG 004 中，对于耐候性试验的养护条件也是这样规定的。

A.1.3 试样养护时间应为 28d。

【A.1.3 解析】 在没有特殊规定的情况下，试样养护时间为 28d。

3.8A.2 系统耐候性试验方法

A.2.1 试样由混凝土墙和被测外保温系统构成，混凝土墙用作基层墙体。试样宽度不应小于 2.5m，高度不应小于 2.0m，面积不应小于 $6m^2$。混凝土墙上角处应预留一个宽 0.4m、高 0.6m 的洞

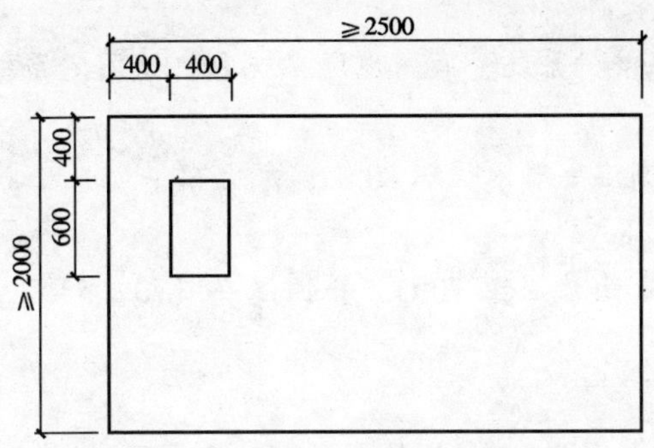

图 A.2.1 试样

口，洞口距离边缘 0.4m（图 A.2.1）。外保温系统应包住混凝土墙的侧边。侧边保温板最大厚度为 20mm。预留洞口处应安装窗框。如有必要，可对洞口四角做特殊加强处理。

A.2.2 试验步骤应符合以下规定：

1 EPS 板薄抹灰系统和无网现浇系统试验步骤如下：

1）高温—淋水循环 80 次，每次 6h。

①升温 3h

使试样表面升温至 70℃，并恒温在（70 ± 5）℃（其中升温时间为 1h）。

②淋水 1h

向试样表面淋水，水温为（15 ± 5）℃，水量为 1.0 ~ 1.5L /（m^2·min）。

③静置 2h

2）状态调节至少 48h。

3）加热—冷冻循环 5 次，每次 24h。

①升温 8h

使试样表面升温至 50℃，并恒温在（50 ± 5）℃（其中升温时间为 1h）。

②降温 16h

使试样表面降温至 -20℃，并恒温在（-20 ± 5）℃（其中降温时间为 2h)。

2 保温浆料系统、有网现浇系统和机械固定系统试验步骤如下:

1) 高温—淋水循环 80 次,每次 6h。

①升温 3h

使试样表面升温至 70℃,并恒温在 (70±5)℃,恒温时间不应小于 1h。

②淋水 1h

向试样表面淋水,水温为 (15±5)℃,水量为 1.0~1.5 L/(m^2·min)。

③静置 2h

2) 状态调节至少 48h。

3) 加热—冷冻循环 5 次,每次 24h。

①升温 8h

使试样表面升温至 50℃,并恒温在 (50±5)℃,恒温时间不应小于 5h。

②降温 16h

使试样表面降温至 -20℃,并恒温在 (-20±5)℃,恒温时间不应小于 12h。

【A.2.1~A.2.2 解析】 这两条对试样墙和试验步骤作了规定,对试验装置未作具体规定。试验装置主要由试样墙(作为基层墙体)、试验箱及其配套设备组成。因试验室条件和设计思路不同,试验装置可有各种构造形式。试验箱有热箱、冷箱各自独立的,有热箱和冷箱共用一个箱体的。试验箱有一面开口的,也有两面开口的。

无论装置构造形式如何,都必须符合第 A.2.1 条的尺寸规定和第 A.2.2 条规定的试验条件。特别需要注意以下两点:①需要按规定自动控制试样表面温度并自动记录,不能以箱内空气温度代表试样表面温度;②淋水水温需控制在 (15±5)℃范围之内,不能用自来水而不控制温度。

EOTA ETAG 004 中对试样墙的要求：

(1) 如果几种构造系统只是保温产品不同，在一个试验墙体上可做两种保温产品，从墙板中心竖直方向划分。

(2) 如果预期在一个试验墙板上安装两种保温产品，需在墙板上设置两个位置对称的洞口。

(3) 如果几种构造系统只是保温板的固定方法不同（粘结固定或机械固定），可在试验墙体边缘用粘结方法固定，墙体中部用机械固定装置固定。

(4) 在一块试验墙板上，只能做一种抹面层，并且最多可做四种饰面涂层（竖直方向分区）。墙板下部（1.5×保温板高度）不做饰面层。

(5) 需要陈化的保温产品（规定的在生产到出售之间所需的存放时间）不得超过最小规定时间 15 天以上。

(6) 试验室应检查和记录外保温构造系统在试验墙板上的安装细节（材料用量、板缝位置、固定装置等等）。

EPS 板薄抹灰系统、无网现浇系统与保温浆料系统、有网现浇系统、机械固定系统由于蓄热性能不同，升温、降温性能也有所不同。本条根据验证试验结果，对不同的系统分别作了规定。

欧洲早先的标准中规定高温—淋水循环为 140 次，加热—冷冻循环为 20 次。后来分别改为 80 次和 5 次。国家建筑工程质量监督检验中心节能检测部在本规程编制过程中做了大量耐候性验证试验。从验证试验可以看出，试验中保护层空鼓、起泡、脱皮、裂缝等问题多在高温—淋水循环进行到第 30 至 50 次循环之间出现。经 80 次高温—淋水循环后未出现问题的，加热—冷冻循环中都未发现问题，即便是做 20 次循环也是如此。这表明高温—淋水循环破坏力较加热—冷冻循环大得多。同时也表明 EOTA ETAG 004 和本规程中规定的循环次数是合适的。

A.2.3 观察、记录和检验时，应符合下列规定：

1 每 4 次高温—淋水循环和每次加热—冷冻循环后观察试

样是否出现裂缝、空鼓、脱落等情况并做记录。

2 试验结束后，状态调节7d，按现行行业标准《建筑工程饰面砖粘结强度检验标准》JGJ 110规定检验抹面层与保温层的拉伸粘结强度，断缝应切割至保温层表面。并按本规程附录B第B.3节规定检验系统抗冲击性。

【A.2.3解析】 检验拉伸粘结强度时，EPS板薄抹面系统断缝切割至保温层，保温浆料系统和EPS板现浇系统切割至基层墙体。

3.8A.3 系统抗风荷载性能试验方法

A.3.1 试样应由基层墙体和被测外保温系统组成，试样尺寸应不小于2.0m×2.5m。

基层墙体可为混凝土墙或砖墙。为了模拟空气渗漏，在基层墙体上每平方米应预留一个直径15mm的孔洞，并应位于保温板接缝处。

A.3.2 试验设备是一个负压箱。负压箱应有足够的深度，以保证在外保温系统可能的变形范围内能使施加在系统上的压力保持恒定。试样安装在负压箱开口中并沿基层墙体周边进行固定和密封。

A.3.3 试验步骤中的加压程序及压力脉冲图形见图A.3.3。

每级试验包含1415个负风压脉冲，加压图形以试验风荷载Q的百分数表示。试验以1kPa的级差由低向高逐级进行，直至试样破坏。

有下列现象之一时，可视为试样破坏：

1 保温板断裂；

2 保温板中或保温板与其保护层之间出现分层；

3 保护层本身脱开；

4 保温板被从固定件上拉出；

5 机械固定件从基底上拔出；

6 保温板从支撑结构上脱离。

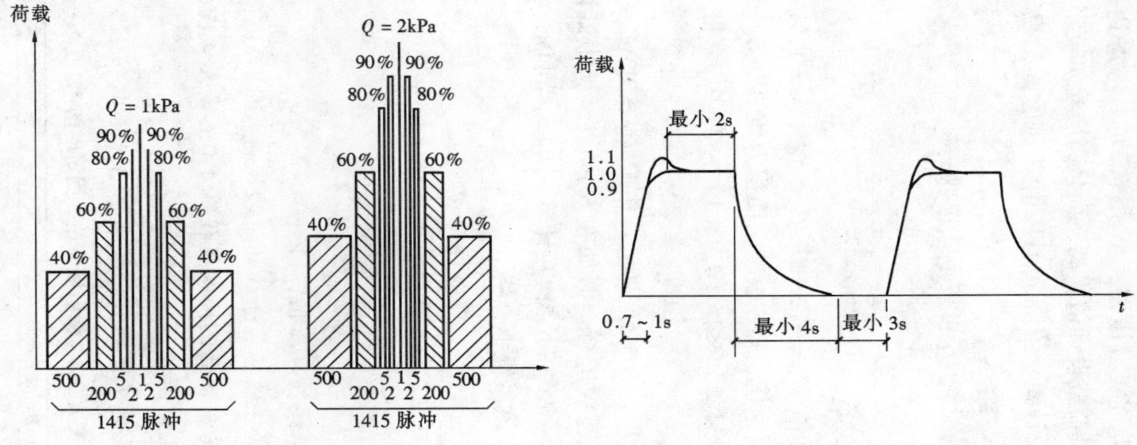

图 A.3.3 加压步骤及压力脉冲图形

【A3.3 解析】 EOTA ETAG 004 规定以 1.0kPa 为试验起始点，并按 0.5kPa 的级差逐级升压，直至系统破坏。考虑到我国地域辽阔，有的地区风荷载设计值很高，而且高层建筑较多，为了简化试验，规定由设计要求值降低 1kPa 作为试验起始点，并按 1kPa 的级差逐级升压。

试验起始风荷载 Q_1 可按下式选取：

$$Q = \frac{mW_d}{C_s C_a} - 2$$

分析计算举例：

风荷载设计值 $W_d = 3.2$kPa；安全系数 $m = 1.5$；$C_a = 1$；对于 EPS 板外保温系统，EPS 板粘结面积为 40%，$C_s = 0.9$。

计算得 $Q_1 = 1.5 \times 3.2 / (0.9 \times 1) - 2 = 3.3$（kPa），取整数后 $Q_1 = 3$kPa。

试验应从 $Q_1 = 3$kPa 级做起，并按 $Q_1 = 3$kPa，4kPa，5kPa，6kPa，7kPa，…逐级进行。假如在 6kPa 级试验中试样破坏，则应取 $Q_1 = 5$kPa。按式（A.3.4）计算，$R_d = 3.0$kPa，小于风荷载设计值 3.2kPa，该系统不合格。

A.3.4 系统抗风压值 R_d 应按下式进行计算：

$$R_d = \frac{Q_1 C_s C_a}{K} \tag{A.3.4}$$

式中 R_d——系统抗风压值，kPa；

Q_1——试样破坏前一级的试验风荷载值，kPa；

K——安全系数，按本规程第 4.0.6 条表 4.0.6 选取；

C_a——几何因数，$C_a = 1$；

C_s——统计修正因数，按表 A.3.4 选取。

表 A.3.4 保温板为粘接固定时的 C_s 值

粘接面积 B（%）	C_s
$50 \leqslant B \leqslant 100$	1
$10 < B < 50$	0.9
$B \leqslant 10$	0.8

3.8A.4 系统耐冻融性能试验方法

A.4.1 当采用以纯聚合物为粘结基料的材料做饰面涂层时，应对以下两种试样进行试验：

1 由保温层和抹面层构成（不包含饰面层）的试样；

2 由保温层和保护层构成（包含饰面层）的试样。

当饰面层材料不是以纯聚合物为粘结基料的材料时，试样应包含饰面层。如果不只使用一种饰面材料，应按不同种类的饰面材料分别制样。如果仅颗粒大小不同，可视为同种类材料。

试样尺寸为500mm×500mm，试样数量为3件。

试样周边涂密封材料密封。

【A.4.1解析】 试样

不同材料的饰面层具有不同的吸水性能，这对耐冻融性能影响很大。本条规定是考虑到应在最不利的条件下进行检验。

耐冻融性能与系统吸水量有关。不是以纯聚合物为粘结基料的饰面层有一定的吸水量。因此规定当饰面层材料不是以纯聚合物为粘结基料的材料时，试样应包含饰面层。当采用以纯聚合物为粘结基料的材料作饰面涂层时，应对含饰面层和不含饰面层的两种试样分别进行试验。

A.4.2 试验步骤应符合下列规定：

1 冻融循环30次，每次24h。

1) 在（20±2)℃自来水中浸泡8h。试样浸入水中时，应使抹面层或保护层朝下，使抹面层浸入水中，并排除试样表面气泡。

2) 在（-20±2)℃冰箱中冷冻16h。

试验期间如需中断试验，试样应置于冰箱中在（-20±2)℃下存放。

2 每3次循环后观察试样是否出现裂缝、空鼓、脱落等情况，并做记录。

3 试验结束后，状态调节7d，按本规程第A.8.2条规定检验拉伸粘结强度。

【A.4.2解析】 注意浸水试验时，只是使抹面层或保护层浸泡在水中，不得将试样全部泡入水中。可在试样底面加垫块调节浸水深度。

3.8A.5 系统抗冲击性试验方法

A.5.1 试样由保温层和保护层构成。

试样尺寸不应小于1200mm×600mm，保温层厚度不应小于50mm，玻纤网不得有搭接缝。试样分为单层网试样和双层网试样。单层网试样抹面层中应铺一层玻纤网，双层网试样抹面层中应铺一层玻纤网和一层加强网。

试样数量：

1 单层网试样：2件，每件分别用于3J级和10J级冲击试验。

2 双层网试样：2件，每件分别用于3J级和10J级冲击试验。

A.5.2 试验可采用摆动冲击或竖直自由落体冲击方法。摆动冲击方法可直接冲击经过耐候性试验的试验墙体。竖直自由落体冲击方法按下列步骤进行试验：

1 将试样保护层向上平放于光滑的刚性底板上，使试样紧贴底板。

2 试验分为3J和10J两级，每级试验冲击10个点。3J级冲击试验使用质量为500g的钢球，在距离试样上表面0.61m高度自由降落冲击试样。10J级冲击试验使用质量为1000g的钢球，在距离试样上表面1.02m高度自由降落冲击试样。冲击点应离开试样边缘至少100mm，冲击点间距不得小于100mm。以冲击点及其周围开裂作为破坏的判定标准。

A.5.3 结果判定时，10J级试验10个冲击点中破坏点不超过4个时,判定为10J级。10J级试验10个冲击点中破坏点超过4个,3J级试验10个冲击点中破坏点不超过4个时，判定为

3J 级。

3.8A.6 系统吸水量试验方法

A.6.1 试样制备应符合下列规定：

试样分为两种，一种由保温层和抹面层构成，另一种由保温层和保护层构成。

试样尺寸为 200mm × 200mm，保温层厚度为 50mm，抹面层和饰面层厚度应符合受检外保温系统构造规定。每种试样数量各为 3 件。

试样周边涂密封材料密封。

A.6.2 试验步骤应符合下列规定：

1 测量试样面积 A。

2 称量试样初始重量 m_0。

3 使试样抹面层或保护层朝下浸入水中并使表面完全湿润。分别浸泡 1h 和 24h 后取出，在 1min 内擦去表面水分，称量吸水后的重量 m。

A.6.3 系统吸水量应按下式进行计算：

$$M = \frac{m - m_0}{A} \tag{A.6.3}$$

式中 M——系统吸水量，kg/m^2；

m——试样吸水后的重量，kg；

m_0——试样初始重量，kg；

A——试样面积，m^2。

试验结果以 3 个试验数据的算术平均值表示。

【A6 解析】 条文解析同 3.8A.4。

3.8A.7 抗拉强度试验方法

A.7.1 试样制备应符合下列规定：

1 EPS 板试样在 EPS 板上切割而成。

2 胶粉 EPS 颗粒保温浆料试样在预制成型的胶粉 EPS 颗粒

保温浆料板上切割而成。

3 胶粉 EPS 颗粒保温浆料外保温系统试样由混凝土底板（作为基层墙体）、界面砂浆层、保温层和抹面层组成并切割成要求的尺寸。

4 EPS 板现浇混凝土外保温系统试样应按以下方法制备：

1）在 EPS 板两表面喷刷界面砂浆；

2）界面砂浆固化后将 EPS 板平放于地面，并在其上浇筑 30mm 厚 C20 豆石混凝土；

3）混凝土固化后在 EPS 板外表面抹 10mm 厚胶粉 EPS 颗粒保温浆料找平层；

4）找平层固化后做抹面层；

5）充分养护后按要求的尺寸切割试样。

5 试样尺寸为 100mm × 100mm，保温层厚度 50mm。每种试样数量各为 5 个。

A.7.2 抗拉强度应按以下规定进行试验：

1 用适当的胶粘剂将试样上下表面分别与尺寸为 100mm × 100mm 的金属试验板粘结。

2 通过万向接头将试样安装于拉力试验机上，拉伸速度为 5mm/min，拉伸至破坏，并记录破坏时的拉力及破坏部位。破坏部位在试验板粘结界面时试验数据无效。

3 试验应在以下两种试样状态下进行：

1）干燥状态；

2）水中浸泡 48h，取出后干燥 7d。

注：EPS 板只做干燥状态试验。

A.7.3 抗拉强度应按下式进行计算：

$$\sigma_t = \frac{P_t}{A} \tag{A.7.3}$$

式中 σ_t——抗拉强度，MPa；

P_t——破坏荷载，N；

A——试样面积，mm^2。

试验结果以5个试验数据的算术平均值表示。

3.8A.8　拉伸粘结强度试验方法

A.8.1　胶粘剂拉伸粘结强度应按以下方法进行试验：

1　水泥砂浆底板尺寸为80mm×40mm×40mm。底板的抗拉强度应不小于1.5MPa。

2　EPS板密度应为18～22kg/m^3，抗拉强度应不小于0.1MPa。

3　与水泥砂浆粘结的试样数量为5个，制备方法如下：

在水泥砂浆底板中部涂胶粘剂，尺寸为40mm×40mm，厚度为（3±1）mm。经过养护后，用适当的胶粘剂（如环氧树脂）按十字搭接方式在胶粘剂上粘结砂浆底板。

4　与EPS板粘结的试样数量为5个，制备方法如下：

将EPS板切割成100mm×100mm×50mm，在EPS板一个表面上涂胶粘剂，厚度为（3±1）mm。经过养护后，两面用适当的胶粘剂（如环氧树脂）粘结尺寸为100mm×100mm的钢底板。

5　试验应在以下两种试样状态下进行：

1）干燥状态；

2）水中浸泡48h，取出后2h。

6　将试样安装于拉力试验机上，拉伸速度为5mm/min，拉伸至破坏，并记录破坏时的拉力及破坏部位。

A.8.2　抹面材料与保温材料拉伸粘结强度应按以下方法进行试验：

1　试样尺寸为100mm×100mm，保温板厚度为50mm。试样数量为5件。

2　保温材料为EPS保温板时，将抹面材料抹在EPS板一个表面上，厚度为（3±1）mm。经过养护后，两面用适当的胶粘剂（如环氧树脂）粘结尺寸为100mm×100mm的钢底板。

3　保温材料为胶粉EPS颗粒保温浆料板时，将抗裂砂浆抹在胶粉EPS颗粒保温浆料板一个表面上，厚度为（3±1）mm。

经过养护后，两面用适当的胶粘剂（如环氧树脂）粘结尺寸为 100mm×100mm 的钢底板。

4 试验应在以下 3 种试样状态下进行：

1）干燥状态；

2）经过耐候性试验后；

3）经过冻融试验后。

5 将试样安装于拉力试验机上，拉伸速度为 5mm/min，拉伸至破坏并记录破坏时的拉力及破坏部位。

A.8.3 拉伸粘结强度应按下式进行计算：

$$\sigma_b = \frac{P_b}{A} \tag{A.8.3}$$

式中 σ_b——拉伸粘结强度，MPa；

P_b——破坏荷载，N；

A——试样面积，mm^2。

试验结果以 5 个试验数据的算术平均值表示。

3.8A.9 系统热阻试验方法

A.9.1 系统热阻应按现行国家标准《建筑构件稳态热传递性质的测定 标定和防护热箱法》GB/T 13475 规定进行试验。制样时 EPS 板拼缝缝隙宽度、单位面积内锚栓和金属固定件的数量应符合受检外保温系统构造规定。

【A.9.1 解析】 规定用《建筑构件稳态热传递性质的测定　标定和防护热箱法》GB/T 13475－92 检验外保温系统热阻，可以检验系统包括热桥在内的平均热阻。EPS 板薄抹灰系统和无网现浇系统热桥影响主要来自 EPS 板拼缝，对于螺钉为镀锌碳素钢或不锈钢，螺钉直径不大于 6mm，套筒为塑料的锚栓，当每平方米数量不超过 10 个时可不计热桥影响。保温浆料系统、有网现浇系统和机械固定系统热桥影响主要来自金属拉结件、金属网和钢丝网架。无网现浇系统若预埋金属锚栓或钢筋拉结件时，热桥影响也很明显。

3.8A.10 抹面层不透水性试验方法

A.10.1 试样制备应符合下列规定:

试样由 EPS 板和抹面层组成，试样尺寸为 200mm × 200mm，EPS 板厚度 60mm，试样数量 2 个。将试样中心部位的 EPS 板除去并刮干净，一直刮到抹面层的背面，刮除部分的尺寸为 100mm × 100mm。将试样周边密封，抹面层朝下浸入水槽中，使试样浮在水槽中，底面所受压强为 500Pa。浸水时间达到 2h 时，观察是否有水透过抹面层（为便于观察，可在水中添加颜色指示剂）。

A.10.2 2 个试样浸水 2h 时均不透水时，判定为不透水。

3.8A.11 水蒸气渗透性能试验方法

A.11.1 试样制备应符合下列规定:

1 EPS 板试样在 EPS 板上切割而成。

2 胶粉 EPS 颗粒保温浆料试样在预制成型的胶粉 EPS 颗粒保温浆料板上切割而成。

3 保护层试样是将保护层做在保温板上，经过养护后除去保温材料，并切割成规定的尺寸。

当采用以纯聚合物为粘结基料的材料作饰面涂层时，应按不同种类的饰面材料分别制样。如果仅颗粒大小不同，可视为同类材料。当采用其他材料作饰面涂层时，应对具有最厚饰面涂层的保护层进行试验。

A.11.2 保护层和保温材料的水蒸气渗透性能应按现行国家标准《建筑材料水蒸气透过性能试验方法》GB/T 17146 中的干燥剂法规定进行试验。试验箱内温度应为（23 ± 2）℃，相对湿度可为 50% ± 2%（23℃下含有大量未溶解重铬酸钠或磷酸氢铵（$NH_4H_2PO_4$）的过饱和溶液）或 85% ± 2%（23℃下含有大量未溶解硝酸钾的过饱和溶液）。

3.8A.12 玻纤网耐碱拉伸断裂强力试验方法

A.12.1 试样制备应符合下列规定:

1 试样尺寸：试样宽度为50mm，长度为300mm。

2 试样数量：纬向、经向各20片。

A.12.2 标准方法应符合下列规定：

1 首先对10片纬向试样和10片经向试样测定初始拉伸断裂强力。其余试样放入(23±2)℃、浓度为5%的NaOH水溶液中浸泡(10片纬向和10片经向试样，浸入4L溶液中)。

2 浸泡28d后，取出试样，放入水中漂洗5min，接着用流动水冲洗5min，然后在(60±5)℃烘箱中烘1h后取出，在10~25℃环境条件下放置至少24h后测定耐碱拉伸断裂强力，并计算耐碱拉伸断裂强力保留率。

拉伸试验机夹具应夹住试样整个宽度。卡头间距为200mm。加载速度为(100±5) mm/min，拉伸至断裂并记录断裂时的拉力。试样在卡头中有移动或在卡头处断裂时，其试验值应被剔除。

【A.12.2解析】 欧洲《UEAtc聚苯板复合外墙外保温认定指南》中以5%的NaOH水溶液作为碱溶液，《有抹面复合外保温系统欧洲技术认定指南》(EOTA ETAG 004)中改用混合碱作为碱溶液。美国外保温相关标准中也以5%的NaOH水溶液作为碱溶液。国内以5%的NaOH水溶液作为碱溶液做了大量试验验证，并积累了大量试验数据。因此，本规程规定以5%的NaOH水溶液作为碱溶液。

A.12.3 应用快速法时，使用混合碱溶液。碱溶液配比如下：0.88g NaOH，3.45g KOH，0.48g $Ca(OH)_2$，1L蒸馏水(pH值12.5)。

80℃下浸泡6h。其他步骤同A.12.2。

【A.12.3解析】 为了适应材料进场复检的需要，本条规定了快速法。本条规定的方法来源于《UEAtc面层为无机涂层的外墙外保温系统认定指南》。

A.12.4 耐碱拉伸断裂强力保留率应按下式进行计算：

$$B = \frac{F_1}{F_0} \times 100\% \tag{A.12.4}$$

式中 B——耐碱拉伸断裂强力保留率,%;

F_1——耐碱拉伸断裂强力,N/50mm;

F_0——初始拉伸断裂强力,N/50mm。

试验结果分别以经向和纬向5个试样测定值的算术平均值表示。

3.8B 附录B 现场试验方法

3.8B.1 基层与胶粘剂的拉伸粘结强度检验方法

B.1.1 在每种类型的基层墙体表面上取5处有代表性的部位分别涂胶粘剂或界面砂浆,面积为3~4dm^2,厚度为5~8mm。干燥后应按现行行业标准《建筑工程饰面砖粘结强度检验标准》JGJ 110规定进行试验,断缝应从胶粘剂或界面砂浆表面切割至基层表面。

3.8B.2 无网现浇系统粘结强度试验方法

B.2.1 混凝土浇筑后应养护28d。

B.2.2 测点选取如图B.2.2所示,共测9点。

【B.2.2解析】 关于测点布置的规定是考虑到现浇混凝土侧压力对粘结性能的影响。按一次浇筑高度为1m考虑,分别测量不同高度处的粘结性能。

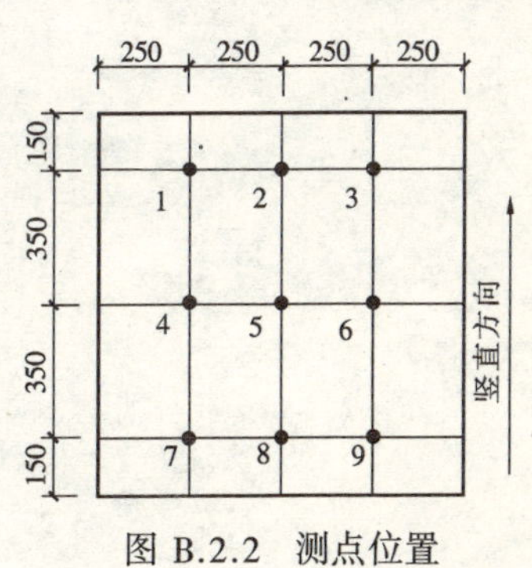

图B.2.2 测点位置

B.2.3 试验方法应按现行行业标准《建筑工程饰面砖粘结强度检验标准》JGJ 110规定进行试验,试样尺寸为100mm×100mm,断缝应从EPS板表面切割至基层表面。

3.8B.3 系统抗冲击性检验方法

B.3.1 系统抗冲击性检验应在保护层施工完成28d后进行。应根据抹面层和饰面层性能的不同而选取冲击点，且不要选在局部增强区域和玻纤网搭接部位。

B.3.2 采用摆动冲击，摆动中心固定在冲击点的垂线上，摆长至少为1.50m。取钢球从静止开始下落的位置与冲击点之间的高差等于规定的落差。10J级钢球质量为1000g（直径6.25cm），落差为1.02m。3J级钢球质量为500g，落差为0.61m。

B.3.3 应按本规程第A.5.3条规定对试验结果进行判定。

4　外墙外保温技术系统构造和技术要求

4.1　EPS 板薄抹灰外墙外保温系统构造和技术要求

4.1.1　EPS 板薄抹灰外墙外保温系统构造

表 4.1.1-1　无锚栓薄抹灰外保温系统基本构造

①基层墙体	系统基本构造				构造示意图
	②粘结层	③保温层	④薄抹灰增强防护层	⑤饰面层	
混凝土墙体、各种砌体墙体	胶粘剂	膨胀聚苯板	抹面胶浆复合耐碱网布	涂料	⑤④ ③ ② ①

表 4.1.1-2　辅有锚栓的薄抹灰外保温系统基本构造

①基层墙体	系统基本构造					构造示意图
	②粘结层	③保温层	④连接件	⑤薄抹灰增强防护层	⑥饰面层	
混凝土墙体、各种砌体墙体	胶粘剂	膨胀聚苯板	锚栓	抹面胶浆复合耐碱网布	涂料	⑥⑤④③② ①

4.1.2　EPS 板薄抹灰外墙外保温系统技术

（1）材料要求

1）薄抹灰外保温系统的性能指标应符合表 4.1.2-1 的要求。

表 4.1.2-1 薄抹灰外保温系统的性能指标

试 验 项 目		性 能 指 标
吸水量（g/m^2），浸水 24 h		≤500
抗冲击强度，J	普通型（P 型）	≥ 3.0
	加强型（Q 型）	≥ 10.0
抗风压值，kPa		不小于工程项目的风荷载设计值
耐冻融		表面无裂纹、空鼓、起泡、剥离现象
水蒸气湿流密度，g/（m^2·h）		≥ 0.85
不透水性		试样防护层内侧无水渗透
耐候性		表面无裂纹、粉化、剥落现象

2）胶粘剂的性能指标应符合表 4.1.2-2 的要求。

表 4.1.2-2 胶粘剂的性能指标

试 验 项 目		性 能 指 标
拉伸粘结强度，MPa（与水泥砂浆）	原强度	≥0.60
	耐水	≥0.40
拉伸粘结强度，MPa（与膨胀聚苯板）	原强度	≥0.10，破坏界面在膨胀聚苯板上
	耐水	≥0.10，破坏界面在膨胀聚苯板上
可操作时间，h		1.5 ~ 4.0

3）膨胀聚苯板应为阻燃型。其性能指标除应符合表4.1.2-3、表 4.1.2-4 的要求外，还应符合 GB/T 10801.1－2002 第Ⅱ类的其他要求。膨胀聚苯板出厂前应在自然条件下陈化 42d 或在 60℃蒸气中陈化 5d。

表 4.1.2-3 膨胀聚苯板主要性能指标

试 验 项 目	性 能 指 标
导热系数，W/（m·K）	≤0.041
表观密度，kg/m^3	18.0 ~ 22.0
垂直于板面方向的抗拉强度，MPa	≥0.10
尺寸稳定性，%	≤0.30

表 4.1.2-4　膨胀聚苯板允许偏差

试验项目		允许偏差（mm）
厚度	≤50mm	±1.5
	>50mm	±2.0
长度		±2.0
宽度		±1.0
对角线差		±3.0
板边平直		±2.0
板面平整度		±1.0

注：本表的允许偏差值以 1200mm×600mm 的膨胀聚苯板为基准。

4）抹面胶浆的性能指标应符合表 4.1.2-5 的要求。

表 4.1.2-5　抹面胶浆的性能指标

试验项目		性能指标
拉伸粘结强度，MPa（与膨胀聚苯板）	原强度	≥0.10，破坏界面在膨胀聚苯板上
	耐水	≥0.10，破坏界面在膨胀聚苯板上
	耐冻融	≥0.10，破坏界面在膨胀聚苯板上
柔韧性	抗压强度/抗折强度（水泥基）	≤3.0
	开裂应变（非水泥基），%	≥1.5
可操作时间，h		1.5～4.0

5）耐碱网布的主要性能指标应符合表 4.1.2-6 的要求。

表 4.1.2-6　耐碱网布主要性能指标

试验项目	性能指标
单位面积质量，g/m^2	≥130
耐碱断裂强力（经、纬向），N/50mm	≥750
耐碱断裂强力保留率（经、纬向），%	≥50
断裂应变（经、纬向），%	≤5.0

6）锚栓：金属螺钉应采用不锈钢或经过表面防腐处理的金

属制成，塑料钉和带圆盘的塑料膨胀套管应采用聚酰胺(polyamide 6、polyamide 6.6)、聚乙烯（polyethylene）或聚丙烯(polypropylene) 制成，制作塑料钉和塑料套管的材料不得使用回收的再生材料。锚栓有效锚固深度不小于25mm，塑料圆盘直径不小于50mm。其技术性能指标应符合表4.1.2-7的要求。

表4.1.2-7 锚栓技术性能指标

试验项目	技术指标
单个锚栓抗拉承载力标准值，kN	≥0.30
单个锚栓对系统传热增加值，W/（m^2·K）	≤0.004

7) 涂料必须与薄抹灰外保温系统相容，其性能指标应符合外墙建筑涂料的相关标准。

8) 附件：在薄抹灰外保温系统中所采用的附件，包括密封膏、密封条、包角条、包边条、盖口条等应分别符合相应的产品标准的要求。

(2) 工艺要求

1) 工艺流程

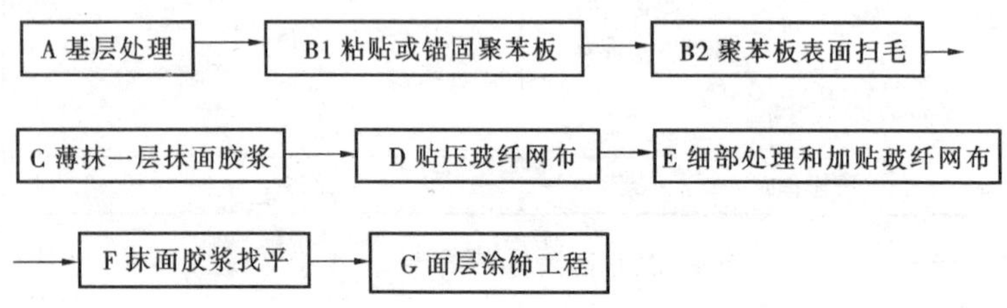

2) 施工环境要求

① 施工环境空气温度和基层墙体表面温度大于或等于5℃；风力不大于5级；

② 施工现场应具备通电、通水施工条件，并保持清洁的工作环境；

③ 外墙和外门窗口施工及验收完毕（门窗框已安装就位）；

④ 冬期施工时，应采取适当的保护措施；

⑤ 夏季施工时，应避免阳光晒；必要时，可在施工脚手架上搭设防晒布，遮挡施工墙面；

⑥ 雨天施工时，应采取有效措施，防止雨水冲刷墙面；

⑦ 系统在施工过程中，应采用必要的保护措施，防止施工墙面受到污损，待建筑泛水、密封膏等构造细部按设计要求施工完毕后，方可拆除保护物。

(3) 设计要求

1) 设计依据

①《民用建筑热工设计规范》GB 50176－1993

②《民用建筑节能设计标准》(采暖居住建筑部分) JGJ 26－1995

③《夏热冬暖地区居住建筑节能设计标准》JGJ 75－2003

④《既有居住建筑节能改造技术规程》JGJ 129－2000

⑤《夏热冬冷地区居住建筑节能设计标准》JGJ 134－2001

⑥《外墙外保温建筑构造（一）》02J121－1

2) 适用范围

① 由于聚苯板的绝热作用，本系统在冬期可起保温作用，在夏季可起隔热作用，因此在按设计需冬期保温和（或）夏季隔热的地区都可以使用。

② 根据以上对系统抗震性能的分析，在非地震区和地震区都可以使用。

③ 白蚁对聚苯板有侵蚀作用，因此应用于无白蚁灾害的地区。

④ 面层装饰材料宜为涂料的建筑。

⑤ 新建、改建、扩建和既有建筑的外墙。

3) 要求

① 基层墙体的挠度不应超过 $L/240$，其中，L 为建筑层高或开间。目前，在国内，采用本系统的主要基层墙体有钢筋混凝土墙、混凝土空心砌块墙、黏土多孔砖墙、实心黏土砖墙等 4 种墙体，在居住建筑常用层高或开间的情况下，可以满足基层墙体挠

度的要求。

② 在墙体系统某些部位有抗冲击要求时，需采用加强型系统。即在普通标准网布下再增设加强网布，此时，应在设计文件中特殊注明。

③ 应在以下位置设置系统变形缝：

● 基层墙体结构设有伸缩缝、沉降缝和防震缝处；

● 系统需变形缝处：预制墙板相接处；外保温系统与不同材料相接处；基层墙体材料改变处；墙面的连续高、宽度每超过23m，并未设其他变形缝处；结构可能产生较大位移而又未设置结构变形缝处，如：建筑体形突变或结构体系变化处。

④建筑外立面的颜色选择，应结合当地的气候条件考虑，在炎热地区不宜选用深色。

⑤为保证墙体系统的透气性能，基层墙体内表面不宜采用不透气材料，如乙烯类墙纸。

⑥ 为有利于水蒸气在墙体中的扩散运动，外墙面层涂料的水蒸气渗透阻不应大于 $694m^2 \cdot h \cdot Pa/g$ 或 $0.193\ m^2 \cdot s \cdot Pa/g$ 。

(4) 施工要求

主要施工工序施工要点。

1) 基层墙体的处理

① 基层墙体必须清理干净，墙面应无油、灰尘、污垢、脱模剂、风化物、涂料、蜡、防水剂、潮气、霜、泥土等污染物或其他有碍粘结的材料，并应剔除墙面的凸出物，再用水冲洗墙面，使之清洁平整。

② 清除基层墙体中松动或风化的部分，用水泥砂浆填充后找平。

③ 基层墙体的表面平整度不符合要求时，可采用1∶3水泥砂浆找平。

④ 既有建筑进行保温改造时，应彻底清除原有外墙饰面层，露出基层墙体表面，并按上述方法进行处理。

⑤ 基层墙体处理完毕后，应将墙面略微湿润，以备进行粘

贴聚苯板工序的施工。

2）粘贴聚苯板

① 根据设计图纸的要求，在经平整处理的外墙面上沿散水标高用墨线弹出散水水平线；当需设置系统变形缝时，应在墙面相应位置弹出变形缝及其宽度线，标出聚苯板的粘贴位置。

② 粘贴聚苯板可以采用以下两种方法：

一是点粘法：沿聚苯板的周边用不锈钢抹子涂抹配制好的粘结胶浆，浆带宽 50mm，厚 10mm。当采用标准尺寸的聚苯板时，尚应在板面的中间部位均匀布置 8 个粘结胶浆点，每点直径为 100mm，浆厚 10mm，中心距 200mm。当采用非标准尺寸的聚苯板时，板面中间部位涂抹的粘结胶浆一般不多于 6 个点，但也不少于 4 个点。点粘法粘结胶浆的涂抹面积与聚苯板板面面积之比不得小于 1/3，见图 4.1.2-1。

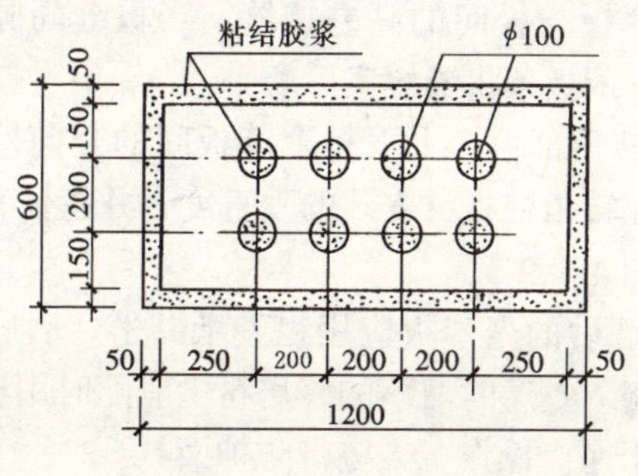

图 4.1.2-1　聚苯板点粘法

二是条粘法：在聚苯板的背面全涂上粘结胶浆（即粘结胶浆的涂抹面积与聚苯板板面面积之比为 100%），然后将专用的锯齿抹子紧压聚苯板板面，并保持成 45°，刮除锯齿间多余的粘结胶浆，使聚苯板面留有若干条宽为 10mm，厚度为 13mm，中心距为 40mm 且平行于聚苯板长边的浆带，见图 4.1.2-2。

③聚苯板抹完粘结胶浆后，应立即将板平贴在基层墙体墙面上滑动就位。粘贴时动作应轻揉、均匀挤压。为了保持墙面的平

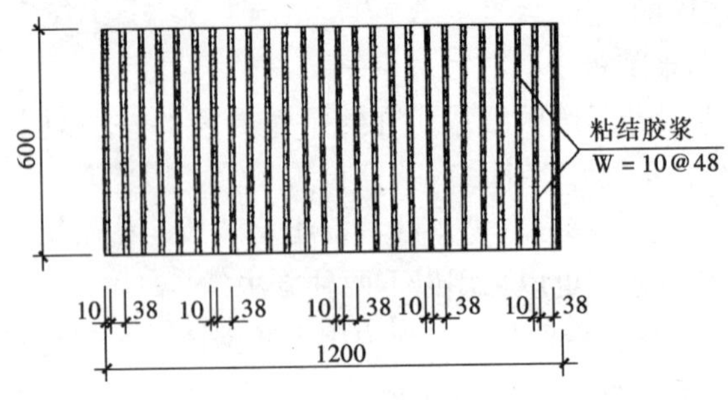

图 4.1.2-2　聚苯板条粘法

整度，应随时用一根长度超过 2.0m 的靠尺进行压平操作。

④聚苯板应由建筑外墙勒脚部位开始，自下而上，沿水平方向横向铺设，每排板应互相错缝 1/2 板长，见图 4.1.2-3。

⑤ 聚苯板贴牢后，应随时用专用的搓抹子将板边的不平处搓平，尽量减少板与板间的高差接缝。当板缝间隙大于 1.6mm 时，则应切割聚苯板条将缝填实后磨平。

⑥ 在外墙转角部位，上下排聚苯板间的竖向接缝应为垂直交错连接，保证转角处板材安装的垂直度，并将标有厂名的板边露在外侧，见图 4.1.2-3。

⑦ 粘贴上墙后的聚苯板应用粗砂纸磨平，然后再将整个聚苯板面打磨一遍。打磨时散落的碎屑粉尘应随时用刷子、扫把或压缩空气清理干净，操作工人应带防护面具。

3）薄抹一层抹面胶浆

① 涂抹抹面胶浆前，应先检查聚苯板是否干燥，表面是否平整，去除板面的有害物质、杂质或表面变质部分，并用细麻面的木抹子将聚苯板表面扫毛，扫净聚苯浮屑。

② 薄抹一层抹面胶浆。

4）贴压玻纤网布

① 在一薄层抹面胶浆上从上而下铺贴标准玻纤网布。

② 平整、不皱折，网布对接，用木抹子将网布压入抹面胶浆内。

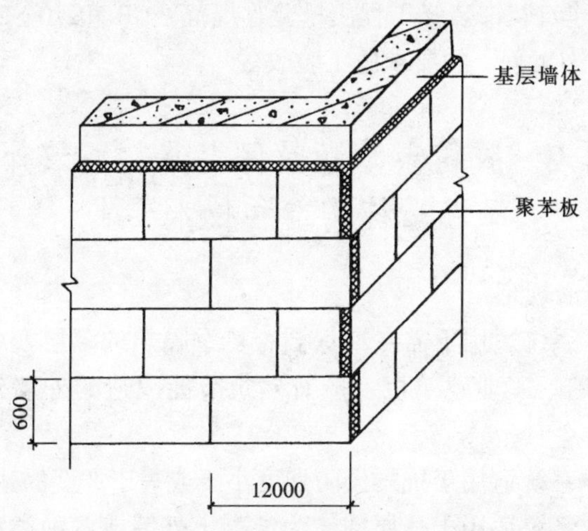

图 4.1.2-3　聚苯板排板示意图

③ 对于设计切成 V 型或 U 型分格缝，网布不应切断，将网布压入 V 型或 U 型分格缝内，用抹面胶浆在表面做成 V 型或 U 型缝。

5）细部处理和加贴玻纤网布（见《外墙外保温建筑构造(一)》02J121－1）

① 首层墙体构造及墙角 A3；

② 二层及二层以上墙体构造及墙角 A4；

③ 勒角 A6；

④ 女儿墙和挑檐 A7；

⑤ 窗口 A8～A10；

⑥ 阳台 A11～A12；

⑦ 墙身变形缝 A13～A14；

⑧ 线脚、分格缝、伸缩缝、空调机搁板 A15。

6）抹面胶浆找平

贴压网布后用抹面胶浆在网布表面薄薄抹一层找平。

7）面层涂饰工程

按《建筑装饰装修工程质量验收规范》GB 50210－2001 中第 10 章“涂饰工程”的要求施工验收。

4.2 胶粉聚苯颗粒保温浆料外墙外保温系统构造和技术要求

4.2.1 一般规定

1 本系统适用于需冬期保温、夏季隔热的多层及中高层新建民用建筑、工业建筑以及既有建筑节能改造的外墙外保温工程；

2 本系统适用于抗震设防烈度小于或等于 8 度的建筑物；

3 本系统适用于基层墙体为混凝土外墙或各种类型的砌体外墙。

4.2.2 系统构造

胶粉聚苯颗粒保温浆料外墙外保温系统（简称胶粉聚苯颗粒外墙外保温系统）由基层墙体、界面层、保温层、抗裂防护层和饰面层组成（见图 4.2.2）。保温层由胶粉料和聚苯颗粒轻骨料加水搅拌成胶粉聚苯颗粒保温浆料抹于墙体表面形成。饰面层可以是弹性涂料，也可以粘贴面砖或干挂石材。对于框架填充墙系

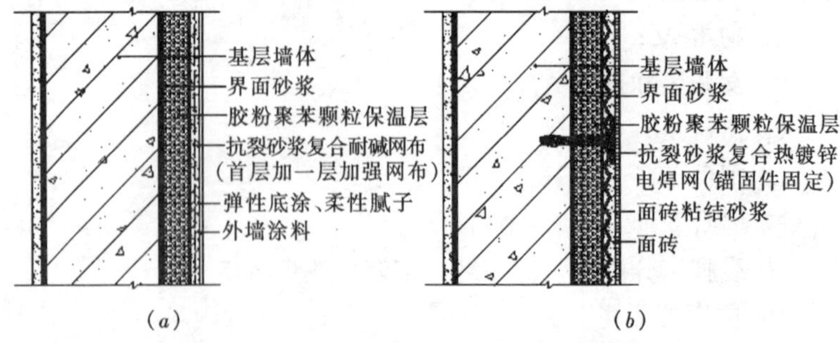

图 4.2.2 胶粉聚苯颗粒外墙保温系统基本构造
（*a*）涂料饰面；（*b*）面砖饰面

统，也可以用胶粉聚苯颗粒保温浆料进行补充保温和提高面层的抗裂性能。该系统采用了逐层渐变、柔性释放应力的及无空腔的技术路线，可广泛适用于不同气候区、不同基层墙体、不同建筑高度的各类建筑外墙的保温与隔热。

4.2.3 设计要点

（1）设计依据应分别符合《民用建筑热工设计规范》GB 50176－93；《民用建筑节能设计设计标准》（采暖居住建筑部分）JGJ 26－95；《夏热冬暖地区居住建筑建筑节能设计标准》JGJ 75－2003；《既有居住建筑节能改造技术规程》JGJ 129－2000；《夏热冬冷地区居住建筑节能设计设计标准》JGJ 134－2001 的要求。

（2）本系统中胶粉聚苯颗粒保温浆料（简称胶粉聚苯颗粒）的厚度应符合国家和本地区现行的相关建筑节能设计标准的规定。

（3）本系统外饰面粘贴面砖时，抗裂防护层中的热镀锌电焊网要用塑料锚栓双向@500mm 锚固，确保外饰面层与基层墙体的有效连接。

（4）热桥部位如门窗洞口、飘窗、女儿墙、挑檐、阳台、空调机搁板等部位应加强保温，参见《外墙外保温建筑构造（一）》02J121－1 的 B5～B14、B17～B25。

4.2.4 施工准备

4.2.4.1 施工条件

（1）基层墙体应符合《混凝土结构工程施工质量验收规范》GB 50204－2002 和《砌体工程施工质量验收规范》GB 50203－2002 的要求。

（2）门窗框及墙身上各种进户管线、水落管支架、预埋管件等按设计安装完毕，并预留出外保温层的厚度。

（3）施工中环境温度不应低于 5℃，风力应不大于 5 级，风速不宜大于10m/s。严禁雨天施工，雨期施工时应采取防雨措施。

4.2.4.2 施工机具

外接电源设备、垂直运输机械、水平运输手推车、强制式砂浆搅拌机、电动搅拌器、称量衡器、电锤、水桶、滚刷、铁锹、手锤、剪刀、壁纸刀、钳子、经纬仪、放线工具、托线板、垂直检测尺、直角检测尺、靠尺、塞尺、探针、钢尺及常用抹灰工具、抹灰专用检测工具等。

4.2.4.3 系统及材料性能要求

（1）胶粉聚苯颗粒外墙外保温系统性能指标及组成材料性能指标应符合《胶粉聚苯颗粒外墙外保温系统》JG 158－2004中5的要求。

（2）材料配制

1）界面砂浆的配制

界面剂:中细砂:水泥＝1:1:1（质量比）。用砂浆搅拌机或电动搅拌器搅拌。先加入1份界面剂与1份中细砂搅拌均匀后再加入水泥搅拌均匀成浆状。

2）胶粉聚苯颗粒保温浆料的配制

采用300L以上的砂浆搅拌机或满足浆料在搅拌机中的容积不超过搅拌机容积70%的搅拌机。先将35～40kg水倒入搅拌机内（加入的水量以满足施工和易性为准），接着倒入一袋（25kg）胶粉料，搅拌5min后，再倒入一袋（200L）聚苯颗粒轻骨料继续搅拌直至均匀（3min以上）。该浆料应随搅随用，且在4h内用完。

3）抗裂砂浆的配制

涂料饰面时，抗裂剂:中砂（细度模数3.0～2.3）:水泥＝1:3:1（质量比）；面砖饰面时，抗裂剂:中砂（细度模数3.0～2.3）:水泥＝1:2:1（质量比）。用砂浆搅拌机或电动搅拌器搅拌。先加入抗裂剂、中砂搅拌均匀后，再加入水泥继续搅拌3min。所用中砂含水率应小于3%，抗裂砂浆配制及使用过程中均不得加水，并应在配制好后 2h 内用完。

4）柔性腻子的配制

柔性腻子胶:白色硅酸盐水泥 = 1:0.4（质量比），用电动搅拌器搅拌均匀即可使用，应在 2h 内用完。

5）面砖粘结砂浆的配制

由面砖专用胶液:中细砂(细度模数 2.8~2.0):水泥 = (0.7~0.8):1:1(质量比),用砂浆搅拌机或电动搅拌器搅拌。先加入面砖专用胶液、中细砂搅拌均匀后，再加入水泥继续搅拌 3min，面砖粘结砂浆配制及使用过程中均不得加水，并应在配制好后 2h 内用完。

6）面砖勾缝材料的配制

面砖勾缝胶粉:水 = 4:1（质量比），用电动搅拌器搅拌均匀，并应在配制好后 2h 内用完。

4.2.5 施工

4.2.5.1 施工程序

胶粉聚苯颗粒外墙外保温系统施工程序见图 4.2.5。

4.2.5.2 施工操作要点

（1）基层墙面处理

1）彻底清除基层墙体表面浮灰、油污、脱模剂、空鼓及风化物等影响墙面施工的物质。墙体表面凸起物大于或等于 10mm 时应剔除。

2）各种材料的基层墙面均应满刷界面砂浆。

（2）保温层施工准备

1）吊垂直、套方找规矩，弹厚度控制线及伸缩线、装饰线等，拉垂直、水平控制线，套方做口。在建筑外墙大角及其他必要处挂垂直基准钢线和水平线。

2）按设计要求的保温层厚度，用胶粉聚苯颗粒做标准厚度贴饼、冲筋，以控制保温层的厚度。

3）若要在胶粉聚苯颗粒保温层上干挂石材，应在结构层上

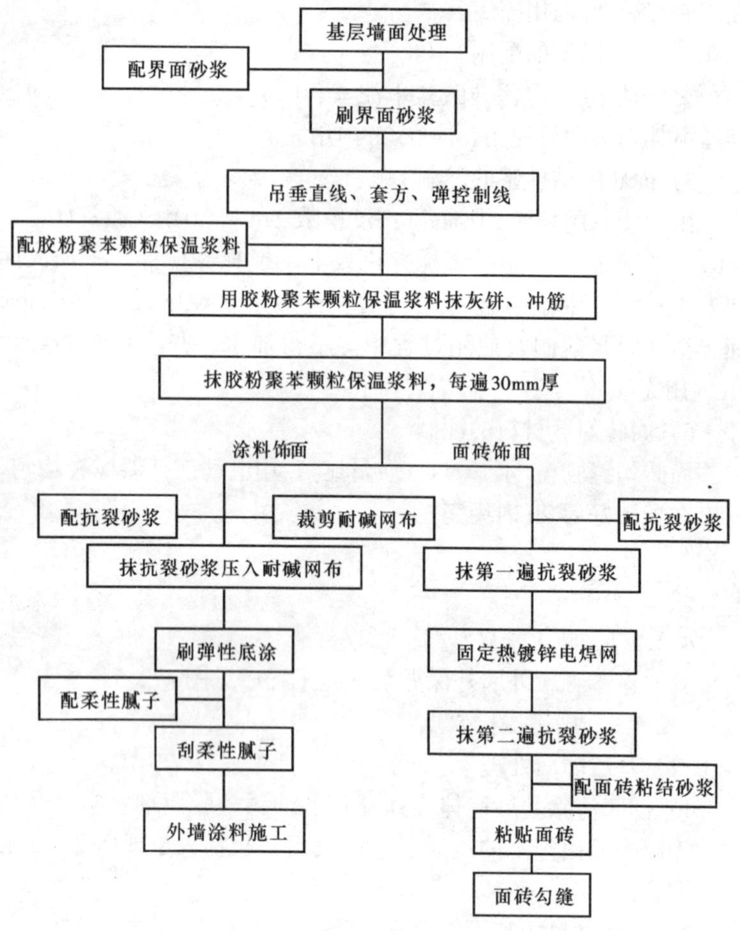

图 4.2.5　胶粉聚苯颗粒外墙外保温系统施工程序

预埋铁件做钢隐框。

(3) 保温层施工

1) 胶粉聚苯颗粒保温层施工至少应分两遍，每遍所抹胶粉聚苯颗粒的厚度不宜超过 30mm，首遍施工厚度宜控制在 15mm 左右，最后一遍施工厚度宜控制在 10mm 左右，每两遍的施工间隔应在 24h 以上。施工温度偏低时，间隔时间可延长。

2）胶粉聚苯颗粒保温层施工应自上而下。

3）最后一遍胶粉聚苯颗粒施工时应达到贴饼、冲筋的厚度，并用大杠搓平，使墙面、门窗口的平整度达到要求。

4）保温层固化干燥（一般5d）后，方可进行下一道工序施工。

（4）抗裂防护层及饰面层施工

1）涂料饰面

●抹抗裂砂浆压入耐碱网布

①将3～4mm厚抗裂砂浆均匀地抹在保温层表面，立即将裁好的耐碱网格布用抹子压入抗裂砂浆内，网格布之间的搭接不应小于50mm，并不得使网格布皱褶、空鼓、翘边。

②首层应铺贴双层耐碱网布，第一层铺贴加强耐碱网布，加强耐碱网布应对接，然后进行第二层普通耐碱网布的铺贴，两层耐碱网布之间抗裂砂浆必须饱满。

③在首层墙面阳角处设2m高的专用金属护角，护角应夹在两层耐碱网布之间。其余楼层阳角处两侧耐碱网布双向绕角相互搭接，各侧搭接宽度不小于200mm。

④门窗洞口四角应预先沿45°方向增贴300mm×400mm的附加耐碱网布，参见《外墙外保温建筑构造（一）》02J121－1的H5“洞口四角附加网格布和钢丝网”。

●刷弹性底涂：在抗裂砂浆施工2h后刷弹性底涂，使其表面形成防水透气层。

●刮柔性腻子：在抗裂砂浆层基本干燥后刮柔性腻子，一般刮两遍，使其表面平整光洁。

●外饰面施工：浮雕涂料可直接在弹性底涂上进行喷涂，其他涂料在腻子层干燥后进行刷涂或喷涂。若干挂石材，则根据设计要求直接在保温面层上进行干挂石材。

2）面砖饰面

●抹抗裂砂浆并固定热镀锌电焊网

①保温层固化达到一定强度后，抹第一遍抗裂砂浆3～4mm

厚。

②待抗裂砂浆干燥达到一定强度后钻孔，用塑料锚栓固定热镀锌电焊网，塑料锚栓间距为双向@500mm，每平方米不得少于4个。热镀锌电焊网的搭接宽度应大于40mm，搭接处最多为三层热镀锌电焊，搭接处每隔500mm用塑料锚栓锚固好。局部不平部位可用U形卡子压平。

③热镀锌电焊网铺贴完毕经检查合格后抹第二遍抗裂砂浆，厚度控制在5～6mm，以热镀锌电焊网刚好埋入抗裂砂浆中似露非露为宜。抗裂砂浆面层必须平整。

④抗裂砂浆达到一定强度后应适当喷水养护。

● 粘贴面砖

①分格弹线排砖，面砖缝不得小于5mm，每6层楼应设一道20mm宽的面砖缝，并用硅酮胶或聚氨酯胶填缝。

②将浸好的面砖擦拭干净，用面砖粘结砂浆进行粘贴，面砖粘结砂浆的厚度为5～8mm。

③常温施工24h后要喷水养护，喷水不宜过多，不得流淌。

● 面砖勾缝：根据设计要求用配制好面砖勾缝材料进行勾缝，面砖缝要凹进面砖外表面2mm，并用海绵蘸清洗剂擦洗干净。

4.2.6 质量要求

4.2.6.1 主控项目

（1）采用材料品种、质量、性能应符合有关国家标准、行业标准及本导则的规定；

（2）保温层厚度及构造做法应符合建筑节能设计要求，保温层厚度均匀，不允许有负偏差；

（3）保温层与墙体以及各构造层之间必须粘结牢固，无脱层、空鼓、裂缝，面层无粉化、起皮、爆灰等现象；

（4）外饰面粘贴面砖时，面砖的品种、规格、颜色、性能应符合设计要求。面砖粘贴应无空鼓、裂缝。面砖粘结强度应符合《建筑工程饰面砖粘结强度检验标准》JGJ 110 的要求。

4.2.6.2 一般项目

(1) 表面平整洁净，接茬平整，线角顺直、清晰，无明显抹纹；

(2) 护角符合施工规定，表面光滑、平顺，门窗框与墙体间缝隙填塞密实，表面平整；

(3) 耐碱网格布铺压严实，不得有空鼓、褶皱、翘曲、外露等现象，搭接长度必须符合规定要求。加强部位的耐碱网格布做法应符合设计要求；

(4) 孔洞、槽、盒位置和尺寸正确、表面整齐、洁净，管道后面平整；

(5) 有排水要求的部位应做滴水线（槽）。滴水线（槽）应顺直，流水坡向应正确，坡度应符合设计要求；

(6) 面砖表面应平整、洁净，勾缝材料色泽一致，无裂痕和缺损。阴阳角处搭接方式、非整砖使用部位应符合设计要求。墙面突出物周围的面砖应套割吻合，边缘应整齐。墙裙、贴脸突出墙面的厚度一致。面砖接缝应平整、光滑，填嵌应连续、密实；宽度和深度应符合设计要求。

4.2.6.3 外保温墙面的允许偏差和检验方法

(1) 外保温墙面允许偏差和检验方法应符合表 4.2.6 规定。

表 4.2.6 外保温墙面允许偏差和检验方法

项目	允许偏差（mm）	检验方法
表面平整	4	用 2m 靠尺和塞尺检查
立面垂直	4	用 2m 垂直检测尺检查
阴、阳角方正	4	用直角检测尺检查
分格缝（装饰线）直线度	4	拉 5m 线，不足 5m 拉通线，用钢直尺检查

（2）面砖粘贴的允许偏差和检验方法应符合《外墙饰面砖工程施工及验收规程》JGJ 126－2000的规定。

4.2.7 胶粉聚苯颗粒保温浆料外墙外保温系统工程应用实例

4.2.7.1 工程概况

本工程位于北京市海淀区大慧寺路18号，属于典型的寒冷地区气候，北京地区冬季最冷月平均温度－4.5℃，全年小于等于5℃的天数为125天；夏季最热月平均温度为25.9℃，冬寒夏热。本工程总建筑面积12426m²，其中外墙外保温面积10000m²，地上15层，地下1层，结构类型属于框架剪力墙。本工程于2000年7月开工，竣工为2000年10月（图4.2.7）。

图4.2.7 胶粉聚苯颗粒保温浆料外墙外保温系统工程应用图

4.2.7.2 工程采用的外墙外保温技术系统

北京地区建筑节能标准对外墙保温隔热性能的要求为平均传热系数不大于1.16W/（m^2·K）（节能50%），本工程外墙节能设计指标为 $K \leqslant 1.16$W/（m^2·K），完全满足标准的要求。

本工程采用的是胶粉聚苯颗粒保温浆料外墙外保温系统。

本工程为安居楼，原来设计的是外墙内保温。考虑到外墙外保温不占用室内面积、可以避免“热桥”、可以提高保温效果，经过调查研究后，甲方改变原设计方案，采用ZL胶粉聚苯颗粒保温材料做外保温，保温层厚度为50mm。

鉴于当时工程主体已完，再抹上50mm厚的保温层，窗台上、下檐挑出的长度都不够原设计长度；但如果采用水泥砂浆要二到三次才能成活，既消耗人工，增加开支，又易造成墙体表面开裂、空鼓，同时考虑到窗台檐的“热桥”现象会降低保温效果，因此，将窗框外移50mm，减少外界空气和窗台的接触面。ZL胶粉聚苯颗粒保温浆料可塑性好，密度小，一次性可抹30mm厚，墙体表面不开裂、不空鼓，也不用养护，十分适合该工程的施工。

4.2.7.3 施工工艺

（1）工艺流程

基层墙体处理→墙体基层涂刷专用界面剂→吊垂直、套方、弹控制线→用胶粉聚苯颗粒保温浆料做灰饼、做冲筋、做口→抹第一遍胶粉聚苯颗粒保温浆料→24h后抹第二遍胶粉聚苯颗粒保温浆料→24h后用胶粉聚苯颗粒保温浆料找平并达到冲筋厚度→干燥后划分格线、开色带分格槽、门窗口滴水槽→抹抗裂砂浆压入耐碱玻纤网格布→首层墙阳角安装钢护角、抹第二遍抗裂砂浆压入第二层耐碱玻纤网格布→涂刷高分子乳液弹性底层涂料→刮抗裂柔性耐水腻子→外墙涂料施工。

（2）工艺说明

1）本工程是北京市市优工程，在质量控制方面，采取层层报检、层层验收的办法，程序如下：报检→验收→达不到市优标准→修复→验收→达到市优标准。

2）阴、阳角控制：在阴角、阳角两边通高各吊一火烧丝，量好尺寸，用膨胀螺栓固定上下端。阴、阳角采用平涂，大面采用弹涂，其中大阳角采用5cm宽平涂，窗洞阳角、阴角采用3cm宽平涂，使线角清晰，阴角更显得顺直。

3）面层的平整度、垂直度的控制：吊线、打点、冲筋、抹保温层材料，面层的平整度、垂直度控制在5mm以内。抗裂层的抹灰在保温层的基础上纠正2mm，其平整度、垂直度控制在2～3mm的范围内，局部的地方用抗裂柔性耐水腻子找平。通过上述控制，保证最后面层的平整度、垂直度满足设计要求。

4）分层缝处理：采用20cm宽色带代替分层缝，在分层缝处，采用耐碱玻纤网格布上层压下层搭接、柔性耐水腻子刮平的方法。

5）脚手架洞孔的处理：本工程采用的是满堂式脚手架、排木卸荷，铁丝直接顶在墙上或拉着墙。为了保证安全，排木、钢丝在保温层、抗裂层施工完成后拆除，面层孔洞采用预制保温块填堵，既可防止变形，又缩短工期。

（3）施工总结

1）采用胶粉聚苯颗粒保温材料外墙外保温做法可降低劳动强度，提高劳动效率，操作方法容易掌握。

2）施工程序简便，从施工工艺到竣工验收，工人稍加培训即可展开大面积作业，施工质量容易控制，有利于创优质工程。

3）主体有缺陷时可直接用胶粉聚苯颗粒保温浆料进行找平修补，避免以往抹灰过厚脱落等现象。

4）杜绝外墙微裂、龟裂和板块接茬裂缝等现象。

5）在保温效果相同的情况下，材料价格较一般外墙外保温做法低，有利于降低房屋造价。

6）材料技术指标先进，各层防护构造合理有序，施工文件齐全，能够考虑众多方面的细部做法。

4.3 EPS板现浇混凝土外墙外保温系统构造和技术要求

4.3.1 系统构造

4.3.1.1 基本说明

本体系是用于现浇混凝土剪力墙的外保温体系，采用阻燃型聚苯乙烯泡沫塑料板（EPS）作建筑物的外保温材料，保温板内表面（与现浇混凝土接触的表面）沿水平方向开有矩形水平齿槽，外表面满涂界面剂。它的安装方式是在施工时在绑扎完墙体钢筋后将保温板和穿过保温板尼龙锚栓与墙体钢筋固定，然后安装内外钢模板即保温板置于墙体钢质大模板内侧，并用尼龙锚栓与墙体锚固（表4.3.1-1）。浇筑墙体混凝土时，外保温板与墙体有机的结合在一起，拆模后外保温与墙体同时完成。其优点是：施工简单、安全、省工、省力、经济、与墙体结合好，并能进行冬期施工。摆脱了人贴手抹，手工操作的安装方式，实现了外保温安装的工业化，减轻了劳动强度，有很好的经济效益和社会效益。

表4.3.1-1 现浇无网体系做法简介

适用范围	做法简介	防护层	饰面层	构造示意
多层和高层建筑大模现场浇筑的钢筋混凝土墙	背面带有水平齿形槽的保温板，在施工时置于外模板内侧，浇筑混凝土后两者结合在一起，板上辅以锚固件	聚合物水泥砂浆涂塑玻纤网格布	弹性涂料（将弹性腻子抹在聚合物水泥砂浆防护层上）	混凝土墙 尼龙带栓 聚苯保温板 聚合物水泥砂浆防护层 弹性腻子及弹性涂料面层 现浇无网体系基本做法

4.3.1.2 原材料性能指标

(1) 聚苯乙烯泡沫塑料板系自熄型，其材料性能应符合《隔热用聚苯乙烯泡沫塑料》的各项指标 GB10801－89（见表 4.3.1-2)。

表 4.3.1-2 聚苯板主要技术性能指标

表观密度 (kg/m^3)	导热系数 [W/(m·K)]	吸水率 %(V/V)	氧指数 (%)
18～20	≤0.041	≤6	≥30

(2) 聚苯板外保温板用聚合物水泥砂浆性能指标见表 4.3.1-3。

表 4.3.1-3 聚苯板外保温板用聚合物水泥砂浆性能指标

项目	指标
抗压强度	≥15MPa
90d 收缩率（%）	≤0.07
28d 吸水量比（%）	≤50

注：28d 吸水量比为聚合物水泥砂浆以基准砂浆（灰砂比为 1:3，水灰比为 0.5）在标养 28d，吸水 48h 后吸水量的比值。

(3) 涂塑耐碱玻璃纤维网格布（以下简称网格布）的耐碱性应符合《耐碱玻璃纤维无捻粗纱》JC/T 572－94 标准，技术要求见表 4.3.1-4。

表 4.3.1-4 网格布技术性能指标

耐碱性	标准网眼尺寸 (mm)	宽度 (cm)	含塑量 (%)	公称单位面积质量 (g/m^2)	单根纱线径向断裂强度 (N)
100℃ $Ca(OH)_2$ 饱和溶液浸泡 4h 后，单丝断裂强度保留率≥75%	5×5 或 4×4	≥90	≥10	160±16	≥120

(4) 尼龙锚栓技术性能指标见表 4.3.1-5。

表 4.3.1-5 尼龙锚栓技术性能指标

项目		测试值 kg	测试条件
握紧力	ϕ8 系列	≥300	钻孔直径 8mm，进入墙体深度 40mm
	ϕ10 系列	≥400	钻孔直径 10mm，进入墙体深度 50mm
吊挂力	ϕ8 系列	≥300	
	ϕ10 系列	≥400	

(5) 硅酸盐水泥和普通硅酸盐水泥 425#：应符合《硅酸盐水泥、普通硅酸盐水泥》GB 175－92 标准要求。

(6) 中细砂：应符合《普通混凝土用砂质量标准及检验方法》JGJ 52－92，细度模数 2.0～2.8，筛除大于 2.5mm 的颗粒，含泥量小于 1%，无胶泥。

(7) 嵌缝材料：建筑密封膏，应符合《建筑密封膏》JC 482-484－92 标准要求。

4.3.1.3 设计与主要构造

(1) 板型设计

保温材料是采用阻燃型聚苯乙烯泡沫塑料板，板宽 1.22m，板高按层高，厚度按设计要求，背面带有水平凸凹形齿槽（凸凹槽宽度为 100mm，深度 10mm），板宽垂直方向两边带有高低槽（槽宽 25mm，深度为 1/2 板厚）的保温板（外喷界面剂）。形式见图 4.3.1-1。

(2) 墙面保温板安装

墙体钢筋绑扎完毕，即安装保温板，按设计要求将标准板（保温板）安装在墙体钢筋外侧，将保温板竖向两侧高低槽用专用胶相互粘结，使其在已绑扎好的墙体钢筋外侧形成一个封闭整体，然后在保温板上用电烙铁烫孔，然后将尼龙锚栓，穿过保温板，用 8 号铅丝与墙体钢筋绑扎做临时固定。保温板与墙体钢筋间应用砂浆垫块，以保证钢筋与保温层间的钢筋保护层（不得采用塑料垫卡）（按图 4.3.1-2 位置）。然后安装内外大型钢模板，浇筑混凝土。

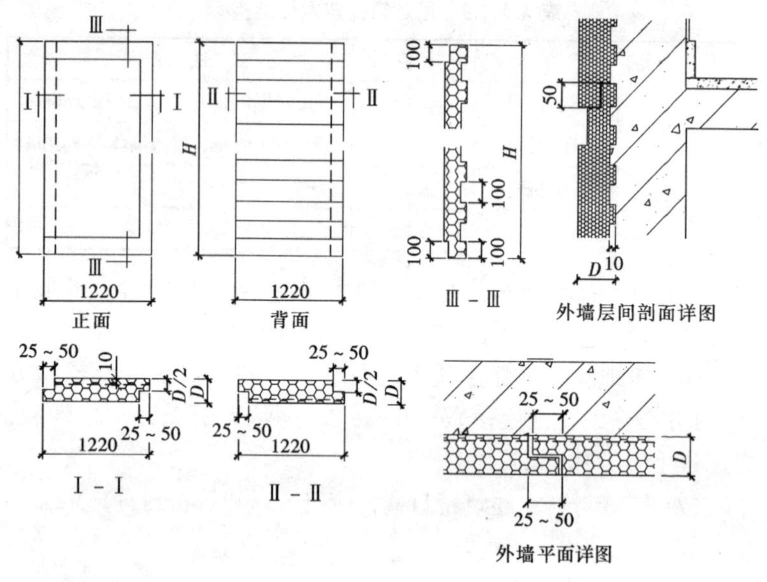

图 4.3.1-1　板型图

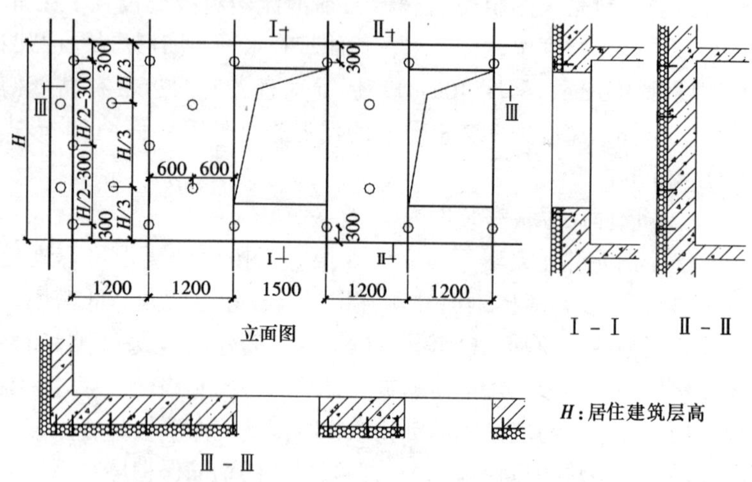

图 4.3.1-2　尼龙锚栓位置图

(3) 主要节点构造做法

1) 窗口的一般做法：在主体完工后进行面层抹灰前，为消

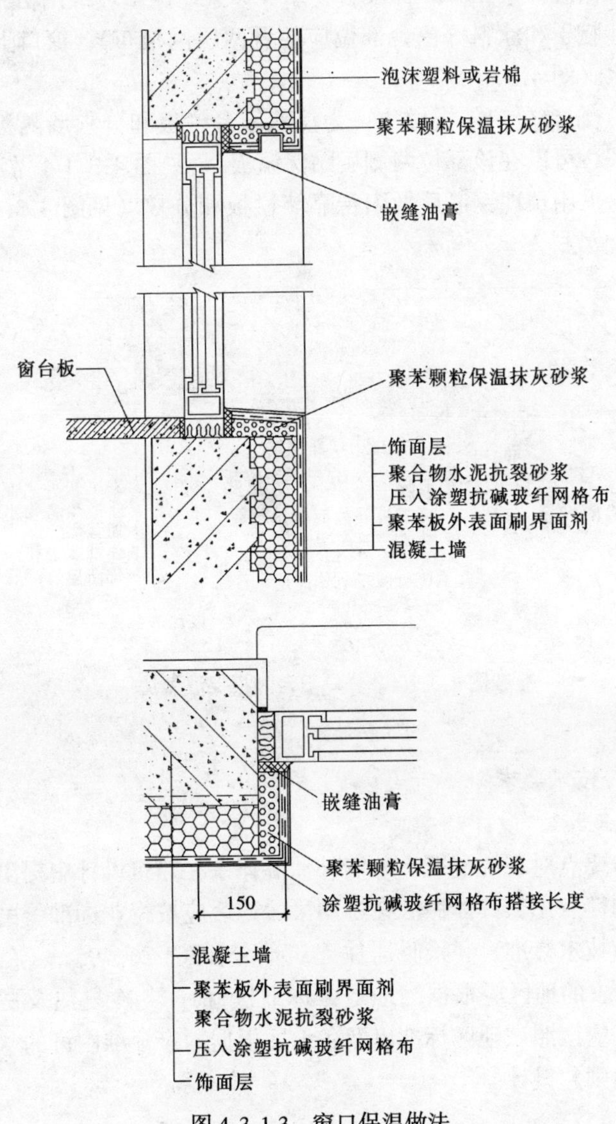

图 4.3.1-3　窗口保温做法

除外保温的局部“热桥”，即主要发生在外墙的门、窗洞口框料的周边外侧部位。窗框安装完成后在其四周可粘贴聚苯板或抹聚苯颗粒保温砂浆，并外抹聚合物水泥砂浆压涂塑玻纤网格布，外做弹性腻子和涂料（窗台部位应放置两层网格布），窗口上部应做滴水（图 4.3.1-3)。

2）阳台分户隔板做法：为消除阳台栏板和分户墙隔板部位“热桥”，可以在该部位两侧后贴保温板，（见图 4.3.1-4 做法 a)；也可以采用预埋钢筋后做阳台靠墙栏板和分户（见图 4.3.1-4 做法 b）做法。

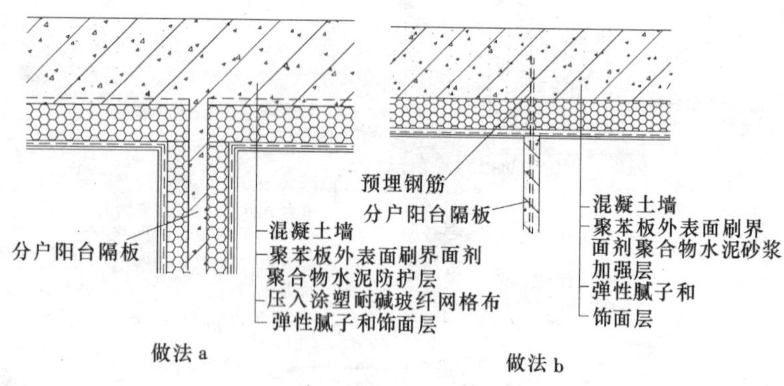

图 4.3.1-4　分户阳台隔板保温做法

4.3.2　技术要求

4.3.2.1　设计要点

本要点对现浇混凝土外墙外保温体系在建筑设计中提出了若干原则性意见，具体做法在冬期采暖地区应按行业标准《民用建筑节能技术标准》（采暖居住建筑部分）JGJ 26－95，（在节能65%要求的地区应根据当地地方标准执行），冬冷夏热及夏热冬暖地区应按照该地区标准以及各地区根据国家标准制订的《节能实施细则》设计。

（1）安全

1）保温板与墙体必须连接牢固，安全可靠，所用尼龙锚栓每平方米不得少于3个，锚入墙内长度不得小于50mm；

2）保温板与墙体的自然粘结强度应大于保温板本身的抗拉强度；

3）板与板之间的侧向高低槽应用苯板胶粘结（聚苯胶与聚苯板的粘结强度应大于聚苯板的抗拉强度，并不得溶解聚苯板）。

（2）避免热桥

在建筑设计中对以下部位应进行避免热桥的构造设计，如：①窗口外侧四周墙面，应进行保温处理，做到既满足节能要求，又不影响窗户开启；②突出墙面的出挑部位，如雨罩、室外空调机搁板、靠外墙阳台栏板、两户之间的阳台分隔板、窗台板、窗套和装饰线条等，都宜做断桥设计或其他切实可行的措施，做到既避免热桥，又不影响结构安全。

（3）窗户

1）在适用、经济和美观的条件下，窗户尽可能靠墙外侧，以减少外窗口外侧四周墙面面积。

2）窗户传热系数应根据不同地区节能要求，满足相应指标，如华北寒冷地区应小于等于3.5W/（$m^2 \cdot K$），在节能65%地区窗户传热系数应小于等于2.8W/（$m^2 \cdot K$）。

3）窗户三性指标：

- 空气渗透宜不低于Ⅱ级标准，小于等于1.5m^3/（$m \cdot h$）（节能65%地区应达到Ⅲ级标准）；
- 抗风压多层不低于Ⅲ级标准，大于等于2500Pa；
- 中高层和高层不低于Ⅱ级标准，大于等于3000Pa；
- 雨水渗透不低于250Pa。

4）窗框与墙体交接部位，除应有牢固连接外，窗框与墙之间的缝隙不得采用普通水泥砂浆填塞，应采用保温材料，窗口四周抹灰层与窗框之间的界面宜用嵌缝油膏处理，以免在两种不同材料的界面处开裂。

（4）保温材料厚度设计

厚度设计取决于以下因素:①国家对各地区外墙的热工要求和指标;②保温材料在构造上的特点(如是否设有空气层,保温板内是否有其他构造配件等);③建筑的体型系数(≤0.3 或≥0.3);④窗户的传热系数;⑤保温板材的热工性能;⑥混凝土墙体的厚度。

在考虑保温节能的同时，在有隔热要求的地区，同时应验算墙体的隔热性能是否符合本地区的隔热指标。

(5) 抗裂措施

1) 涂抹在聚苯板表面的防护层，采用聚合物水泥砂浆，压入涂塑耐碱玻纤网格布加强做成的抗裂防护层，聚合物水泥砂浆材性指标应符合表 4.3.1-3 要求，涂塑耐碱玻纤网格布应符合表 4.3.1-4 要求。防护层外应做防裂弹性腻子，外层涂料应与防护层和弹性腻子具有相容性，宜采用有机弹性涂料。

2) 局部加强措施

为防止面层开裂，在簿弱部位应用涂塑耐碱玻纤网格布加强如门窗四角（四角网片尺寸为 400mm × 200mm 与窗角呈 45°），首层和窗台部位抗裂层应加两层涂塑耐碱玻纤网格布，首层阳角部位应用厚度 2mm 的专用冲孔镀锌铁皮护角加强。

3) 涂塑耐碱玻纤网格布位置

在抹聚合物水泥砂浆面层时，玻纤网格布位置应尽可能靠近表面，一般宜小于等于 2mm。

4) 装饰装修

本体系在保温层外表面在没有安全可靠的实验数据和切实有效的构造措施，原则上不得粘贴面砖，本体系适宜用于做涂料装饰面层。外墙涂料腻子必须采用柔性腻子及弹性涂料，防止由于腻子弹性较小无法抵抗保温层释放的应力而导致面层开裂。

5) 分隔缝处理

在每层层间宜留水平分层缝，层间保温板和网格布应断开，抹灰前嵌入泡沫塑料棒，外部用嵌缝油膏嵌缝。垂直分隔缝位置宜按墙面面积留缝，在板式建筑中宜小于等于 $30m^2$，在塔式建筑中应视具体情况而定，一般宜留在阴角部位，也可按建筑师审美要求设置。

4.3.2.2 施工

(1) 施工准备

1) 技术准备

●熟悉各方提供的有关图纸资料，参阅有关施工方案，做好内业。

●了解材料性能，掌握施工要领。

●与提供成套材料和技术的企业联系，并由该企业派技术人员到现场做技术指导和培训。

●确定施工顺序。

聚苯保温板施工顺序：墙体钢筋隐蔽检查完毕→安装保温板(保温板之间用专用胶粘结，板与钢筋之间安放水泥垫块，如冬期施工可不留门窗洞口)→弹胀管定位线→在要求位置穿锚栓(将锚栓用8号铅丝与墙体钢筋绑扎做临时固定)→在保温板与墙体钢筋间垫水泥垫块→用10mm厚聚苯板填补保温板门窗缝隙，以免浇筑混凝土时跑浆。

抗裂保护层施工顺序：抹聚合物砂浆防护层→首层阳角安放冲孔金属防护角→压入玻璃纤维网格布→抹面层聚合物砂浆→抹弹性腻子→做弹性有机涂料面层。

2) 材料准备

●保温材料：厚度按设计要求，密度18~20kg/m^{3}自熄型聚苯保温板；

●保温板连接材料：Φ10尼龙锚栓，聚苯胶；

●保护层材料：425号普通硅酸盐水泥，中砂(含泥量小于1%、无杂质)，聚合物乳液，涂塑耐碱玻璃纤维网格布，冲孔镀锌铁皮护角；

●面层涂料：弹性腻子以及按设计要求采用有机弹性涂料；

●其他材料：嵌缝油膏或保温砂浆，塑料滴水线槽。

3) 机具准备

操作平台、电热丝、接触式调压器、电烙铁、盒尺、墨斗、砂浆搅拌机、抹灰工具、检测工具等（注：操作平台需在施工现场制作）。

4）劳动力准备

保温板安装工6人（可兼职）、抹灰工10人、外墙喷涂20人、普通工10人（注：以上技术工人需培训方能上岗）。

（2）施工顺序和方法

1）保温板安装

● 按设计墙体厚度弹出水平线和垂直线，以保证墙体厚度准确。绑扎完墙体钢筋后在外墙钢筋外侧绑扎水泥垫块（不得使用塑料卡）。且要求每块聚苯板内不少于6块（垫块数量视板高而定），以确保钢筋与保温板之间有足够的钢筋外侧水泥保护层并确保外侧保护层厚度均匀一致；

● 安装顺序：经吊正垂直后按从左至右的顺序拼装保温板，如施工段较大可在两处或两处以上同时拼装；

● 拼装方法：首先在竖向高低槽口处均匀涂刷一层聚苯胶，另一块做同样处理。拼装保温板时整块板上中下三人同时用力将保温板拼装在一起；

● 在拼装好的聚苯板面上按设计尺寸弹线，标出锚栓的位置。用电烙铁在胀管定位处预先穿孔，孔径应小于胀管直径2~3mm，之后在孔内塞入锚栓。锚栓布点形状呈梅花状分布；

● 锚栓布置位置应如图4.3.1-2所示，应布置在板缝及板中（注：非标准板宽度不足400mm的可不加设锚栓）。顶部门窗洞口可不安装锚栓，但必须在其过梁上加设一个或多个锚栓；

● 安装锚栓前，需把金属螺栓杆拧进锚栓的尼龙胶套内，并且将穿过保温板的锚栓尾部，用8号铅丝将其与墙体钢筋做临时固定。注意不要将锚栓与钢筋绑扎过紧；

● 用100mm宽、10mm厚聚苯片涂满聚苯胶填补门窗洞口处的凹槽，以免浇筑混凝土时跑浆。

2）模板安装

宜采用大模板。按保温板厚度确定模板配置尺寸、数量。

●按弹出之墙线位置安装模板，在底层混凝土强度不低于7.5 MPa时，安装开始。安装上一层模板时，利用下一层外墙螺栓孔挂三角平台架（安全防护架）。

●安装外墙外侧模板，安装前须在现浇混凝土墙体的根部或保温板外侧采取可靠的定位措施，以防模板挤靠保温板。模板放在三角平台架上，将模板就位，穿螺栓紧固校正，连接必须严密、牢固，防止出现错台和漏浆现象。

3）浇筑墙体混凝土

●为保护聚苯板上口，应在浇筑混凝土前在保温板上部扣上保护槽。保护槽用镀锌铁皮制作成"Π"形，高100mm、宽50mm+模板厚（注：要将保温板与模板一同扣住）；

●浇筑墙体混凝土详见泵送混凝土施工方案；

●常温下混凝土强度达到1.2MPa方可拆除墙体模板；

●拆模后保温板表面如有水泥浆应及时清理，并检验保温板表面的平整度，经检验合格后再进行下一道工序。

4）聚合物水泥砂浆（防护层）

●先用泡沫聚氨酯或保温砂浆堵塞孔洞。

●清理保温板面层，使面层洁净无污物。

●板面如有局部缺陷可用聚苯保温砂浆进行局部修补找平，个别鼓出部分用粗砂纸打磨。

●如聚合物水泥砂浆为现场配置，则可按以下比例：聚合物乳液:水泥:砂=1:1:3的比例用砂浆搅拌机搅拌抗裂聚合物砂浆，搅拌时间不得小于15min，将聚合物水泥砂浆均匀的涂抹于聚苯板上，厚度3~4mm。

●按层高、窗台高和过梁高将玻纤网格布在施工前裁好备用，待第一层抗裂聚合物砂浆抹完后，立即将玻纤网格布用铁抹子压入聚合物水泥砂浆内，面层凝固后以露出玻璃纤维网格布暗格为宜，如有未盖住的可在其表面再薄抹一层聚合物砂浆，以网格布均被浆料覆裹为宜，面层宜小于等于2mm，总厚度控制在5mm左右，在建筑首层应有两层网格布。

●窗洞口侧面抹聚苯颗粒保温浆料，上部应做滴水线，外窗台处应有加强措施以保证踩踏的安全问题。在抹浆料时距窗框边应留出 10mm 缝隙以备打胶。

●首层阳角处加设一根 50mm 宽，高 2m 的冲孔镀锌铁皮护角。即抹聚合物水泥砂浆，之后将调直后的护角压入砂浆层内（以孔内挤出砂浆为宜），然后同大面一起抹聚合物砂浆并压入玻纤网格布将护角线包裹起来。

●在聚合物水泥砂浆表面，按设计要求抹弹性腻子和有机弹性涂料。

（3）质量检验标准

1）聚苯保温板检测标准

●板的规格、尺寸、形状应与设计相符，棱角处不应有破损，板面界面剂喷涂应均匀，与板材结合良好，性能符合要求；

●聚苯保温板应有出厂合格证及相应的检测报告；

●聚苯板密度应控制在 18～20kg/m^3 范围内，导热系数等其他指标应符合有关标准；

●门窗洞口处聚苯板凹槽用聚苯板片（1000mm × 100mm × 10mm）进行填补，严禁漏补；

●聚苯保温板拼装完毕后要进行预检，并报监理进行验收，合格后方可进行下一道工序；

●成品聚苯保温板（指在墙体上与混凝土结合在一起的聚苯保温板）检验标准见表 4.3.2-1。

表 4.3.2-1　聚苯保温板允许偏差

项　目			允许偏差（mm）
垂直度	层　高	≤5m	8
		>5m	10
	全　高		$H/1000$ 且≤30
	层　高		±10
	全　高		±30
截面尺寸			+8-5
表面平整（2m 长度上）			8

2）锚栓检测标准

●锚栓外套部位应为尼龙材质；

●螺栓应采用镀锌螺栓（镀锌层厚度应大于等于 10μm）；

●规格尺寸应为：长度以进入墙体 50mm 为宜。

3）聚合物水泥砂浆检测标准

●水泥、聚合物胶、砂、涂塑耐碱玻纤网格布等均应符合设计和有关标准的要求；

●聚合物水泥砂浆、玻纤网格布应有出厂合格证和检测报告；

●保温层的平整度、厚度经检验合格后，方可进行抹灰工程；

●聚合物水泥砂浆凝固后应与基层粘结牢固，表面无裂纹；

●聚合物水泥砂浆面层允许偏差见表 4.3.2-2。

表 4.3.2-2　聚合物水泥砂浆外表层允许偏差

项　次	项　目	允许偏差（mm）	检 查 方 法
1	表面平直	4	2m 靠尺板和楔尺
2	表面垂直	5	2m 靠尺板和楔尺
3	阴阳角垂直	4	2m 靠尺板和楔尺
4	阴阳角方正	4	方　尺
5	分格条平直	3	拉 5m 线和尺检

（4）质量保证措施

1）对于聚苯保温板，在施工前应检查其出厂合格证及检测报告，并用盒尺对其尺寸进行检测；

2）检查水泥、镀塑耐玻璃纤维网格布、聚合物乳液、外墙涂料均需有出厂合格证及检测报告；

3）在布置胀管时严禁将其直接插入保温板。正确做法是先用电烙铁烫孔，然后将胀管慢慢旋转插入保温板；

4）在布置穿墙螺栓时，也严禁直接插入；

5）保温板表面按标准检验合格后可直接抹聚合物砂浆防护层，没有必要做找平层；

6）在抹聚合物水泥砂浆工程中，各工种应紧密配合，合理安排工序，严禁颠倒工序作业；

7）在安装阳角保温板时，角两边距水泥垫块要留出10～20mm间隙；

8）抹聚合物砂浆防护层时，墙面、阴阳角要及时吊靠，并做好成品保护；

9）滴水槽安装时要按线找平，及时清理，随时检查；

10）事先计算出每一段外墙加保温板后的几何尺寸，待拼装完保温板后其实际尺寸应比计算所得尺寸大10～20mm（注：两边各大出5～10mm）。

（5）成品保护

1）保温层的保护方案

●塔吊在吊运物品时要远离外墙面，以免碰撞保温板；

●首层阳角在脱模后，及时用竹胶板加以保护，以免棱角遭到破坏；

●外挂架下端与墙体接触面必须用木板垫实。以免外挂架承重后过份挤压保温层。

2）防护层的保护方案

●抹完聚合物水泥砂浆的墙面不得随意开凿孔洞；

●严禁重物、锐器冲击墙面。

（6）施工中应注意的事项

1）保温层施工中应注意的事项

●外墙外模板不需涂刷脱模剂，以免污染保温板表面影响抹灰质量；

●外墙外模板支撑形式宜采用外挂架式，且外挂架紧靠墙面部分应采取可靠的支垫；

●在模板拆装时严禁挤靠保温板，模板就位后一定要校紧穿墙螺栓以及其他螺栓，以免出现跑模现象；

●在用电烙铁预先穿保温板孔洞（如锚栓孔、穿墙螺栓孔）时，不宜过大，比实际穿墙件约小2~3mm，严禁将胀管、穿墙螺栓直接插入保温板；

●胀管在与墙体钢筋绑扎时应留出2~4mm的松动量，以免过紧束缚保温板，脱模后造成保温层表面不平整；

●在浇筑墙体混凝土时，严禁将振捣棒斜插至保温板；

●在整理甩出的墙体钢筋时，要特别注意下层保温板企口，以免受损；

●墙体混凝土浇筑完毕，如企口处有残浆应立即清理；

●对穿墙螺栓孔，在墙体部位应用硬性砂浆捻实填补；在保温层部位应用发泡聚氨酯或保温材料填补至保温层表面；

●在绑扎墙体横向分布筋或间距筋时，两端伸出不宜过长，以免戳破保温板，在保温板一端宜将钢筋弯成“U”形；

●严禁在墙体钢筋底部布置模板定位筋，宜采用模板上部定位；

●保温板安装应与结构同步进行，在施工中宜采用全封闭保护措施。

2）抹灰（聚合物水泥砂浆）施工中应注意的事项

●搅拌砂浆不宜过稀，应严格按照聚合物乳液:水泥:中砂=1:1:3，否则会影响其粘结性；

●在抹防护砂浆之前一定要检查保温层的平整度和厚度；如平整符合标准则可直接做防护层，无必要做找平层，只是在局部不符合要求时才用保温砂浆进行修补；但不宜超过总面积的5%；

●聚合物砂浆在配制2h内必须用完，不得使用过时灰；

●在聚合物砂浆中不得含有粒径大于2.5mm的砂砾，否则会造成玻纤网格布铺粘不平；

●在铺网格布时，两块网格布要互相搭接，搭接宽度不应小于50mm。在铺粘两层网格布时，第二层网格布搭接处不应与首层相重，以免此处抗拉强度过低。当网格布铺到阴阳角时，要进行包裹，包裹宽度不应小于150mm，严禁在阴阳角处拼接网格布，铺设网格布前应将网格布浸水湿润；

●防护层聚合物水泥砂浆、铺网格布时要注意墙面平整，墙角、门窗方正、顺直；

●面层聚合物水泥砂浆距网格布表面应小于或等于2mm（网格布应靠近外表面），并与砂浆结合良好。

4.3.3 EPS板现浇混凝土外墙外保温工程应用实例

（1）工程实例

总参61785部队住宅楼，位于北京市朝阳区东四环东风桥东南侧。采用现浇混凝土剪力墙形式，共22层，总建筑面积30000m^2，保温面积约14000m^2，本工程于2003年3月初安装保温板，于2004年底竣工。

（2）工程采用的外墙外保温技术系统

外墙外保温采用EPS板现浇混凝土外墙外保温体系，采用50mm厚聚苯板当时外墙外保温节能性能设计指标为50%。

（3）施工工艺流程

聚苯保温板施工顺序：墙体钢筋隐蔽检查完毕→安装保温板（保温板之间用专用胶粘结，如冬期施工可不留门窗洞口）→弹锚栓定位线→在要求位置穿锚栓（将锚栓用8号钢丝与墙体钢筋绑扎做临时固定）→用10mm厚聚苯板填补保温板门窗缝隙以免浇筑混凝土时跑浆。

防护层施工顺序：在保温层上直接抹聚合物砂浆→首层阳角安放金属防护角→压入玻璃纤维网格布。

（4）外墙实际的保温隔热效果

保温层厚度：50mm，外墙系统平均传热系数：0.85W/（m^2·K）。

（5）工程实物图（见图4.3.3）

图 4.3.3　EPS 板现浇混凝土外墙外保温工程图

4.4　EPS 钢丝网架板现浇混凝土外墙外保温系统构造和技术要求

4.4.1　系统构造

4.4.1.1　基本说明

该体系用于建筑剪力墙体系，其施工工序是当外墙的钢筋绑扎完毕后，然后将一种由工厂预制的保温构件放在墙体钢筋外侧（这种构件是外表面有横向齿形槽的聚苯板，中间斜插若干 Φ2.5 穿过板材的镀锌钢丝，这些斜插镀锌钢丝与板材外的一层 Φ2 钢丝网片焊接，构件表面喷有界面剂，构件由工厂预制）并与墙体钢筋固定，为确保保温板与墙体之间结合的可靠性，在聚苯保温构件上除有镀锌斜插丝伸入混凝土墙内，并通过聚苯板插入经防锈处理的 Φ6 L 形钢筋与墙体钢筋绑扎，或插入 Φ10 塑料胀管，约每平方米 3～4 个，再支墙体内外钢模板（此时保温板位于外钢模板内侧），然后浇筑混凝土墙，拆模后保温板和混凝土墙体结合在一起，牢固可靠。然后在钢丝网架上掺抗裂砂浆找平层，最后用弹性粘结剂粘贴面砖。如在表面做涂料面层，则在抗裂砂浆找平面层上抹 4～5mm 的聚合物水泥砂浆玻纤网格布防护层和弹性腻子防裂层，最后在表面做有机弹性涂料（表 4.4.1-1）。

表 4.4.1-1　现浇有网体系做法简介

适用范围	做法简介	找平层	饰面层	构造示意
多层和高层建筑大模现场浇筑的钢筋混凝土墙	聚苯板置入大模板外模内侧与混凝土一次浇筑成型（辅以锚固件拉结）	水泥砂浆（加入抗裂剂）	面砖（使用专用柔性粘结剂粘贴） 涂料（聚合物水泥砂浆玻纤网格布防护层，弹性腻子防裂层，有机弹性涂料）	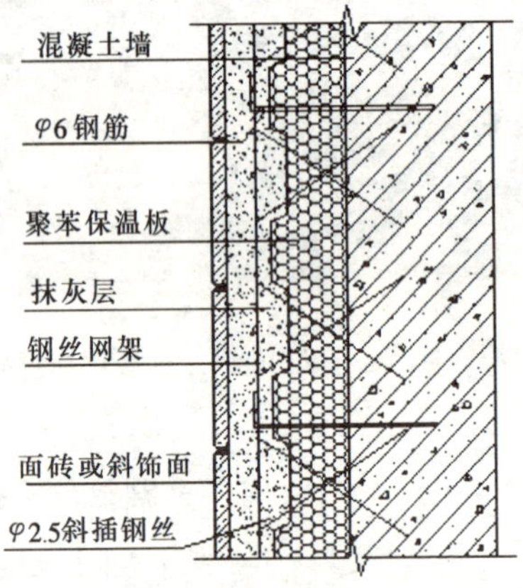 混凝土墙 φ6 钢筋 聚苯保温板 抹灰层 钢丝网架 面砖或斜饰面 φ2.5 斜插钢丝 现浇有网体系基本做法

4.4.1.2　制品

(1) 有网体系保温板

1）钢丝网架质量要求，见表4.4.1-2。

表4.4.1-2 保温板钢丝网架质量要求

项次	项　目	质 量 要 求
1	外观	保温板正面有水平梯形凹凸槽，槽中距100mm，横向钢丝对准凹槽，板面及钢丝均匀喷涂界面剂
2	焊点强度	抗拉力≥330N，无过烧现象
3	焊点质量	网片漏焊脱焊点不超过焊点数的8‰，且不应集中在一处。连续脱焊不应多于2点，板端200mm区段内的焊点不允许脱焊虚焊，斜插筋脱焊点不超过3%
4	钢丝挑头	网边挑头长度≤6mm，插丝挑头≤5mm，穿透苯板挑头≥30mm
5	聚苯板对接	≥3000长板中聚苯板对接不得多于2处，且对接处需用聚氨酯胶粘牢
6	重　量	≤4kg/m^2

注：（1）横向钢丝应对准水平凹槽中心；（2）界面剂与钢丝和聚苯板的粘结牢固，涂层均匀一致，不得露底，厚度不小于1mm；（3）在60 kg/m^{2}压力下聚苯板变形小于10%；（4）界面剂除应符合《建筑用界面处理剂应用技术规程》DBJ/T01-40-98标准要求外，并与钢丝有牢固的握裹力，经90°反复弯曲5次不脱落。

2）规格尺寸允许偏差，见表4.4.1-3板型示意图见图4.4.1。

表4.4.1-3 保温板规格尺寸允许偏差（mm）

项　次	项　目	允 许 偏 差
1	长	±10
2	宽	±5
3	厚（含钢网）	±3
4	两对角线差	≤10

注：（1）聚苯板水平凹凸槽应采用机械成型，尺寸准确，间距均匀；（2）板垂直两长边设高低槽，宽25mm，深1/2板厚，要求尺寸准确；（3）斜插钢丝（腹丝）宜为每平方米100根，不得大于200根。

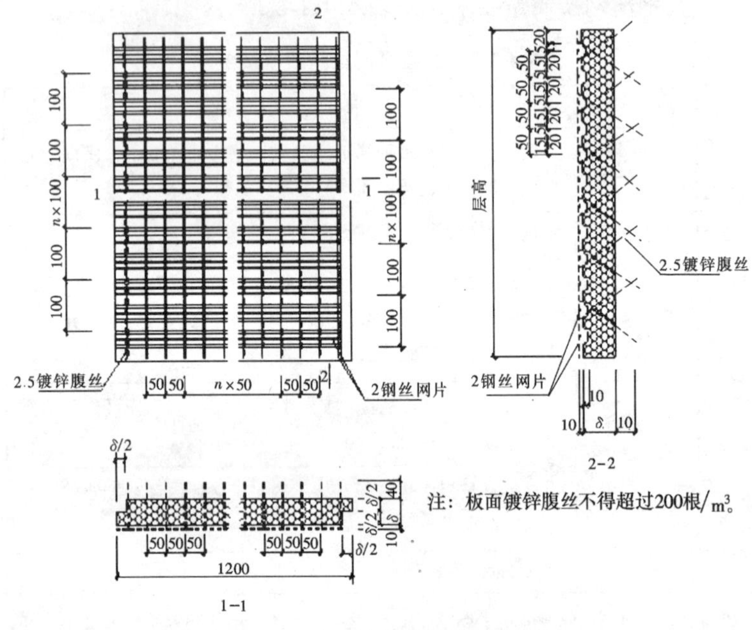

图 4.4.1　钢丝网架聚苯板板型图

4.4.2　技术要求（设计与主要构造）

本工艺适用于外饰面为贴面砖材料（也可以做涂料）的现浇混凝土剪力墙结构体系，其工艺是将单层钢丝网架的聚苯泡沫乙烯保温板置于外墙外模内侧，浇灌混凝土后，墙体与保温板有机地结合在一起，保温板表面抹掺有抗裂剂的抗裂水泥砂浆找平层，外表适宜于粘贴贴面材料（如面砖）等面层的一种外保温体系。

4.4.2.1　安全性

(1) 保温板与墙体连接牢固，安全可靠。保温板内斜插腹丝，伸入混凝土墙内长度不得小于 30mm，板面附加经防锈处理的锚固件 Φ6L 形钢筋，L 形钢筋位置图见图 4.4.2 锚入墙内不得小于 100mm，也可用塑料胀管，锚入墙内长度不得小于 50mm。

(2) 保温板与墙体的自然粘结强度应大于保温板本身的抗拉强度。

(3) 板之间钢丝网应用火烧丝绑扎，间距不大于150mm。

4.4.2.2　避免热桥

在建筑设计中对以下部位应进行避免热桥的构造设计如：①窗口外侧四周墙面，应进行保温处理，做到既满足节能要求，避免热桥，又不影响窗户开启。②突出墙面的出挑部位，如雨罩，室外空调机搁板，靠墙阳台栏板，两户之间的阳台分隔板和窗台板和装饰线条等，都应做断桥设计或其他切实可行的措施，做到既避免热桥，又要保证结构安全。

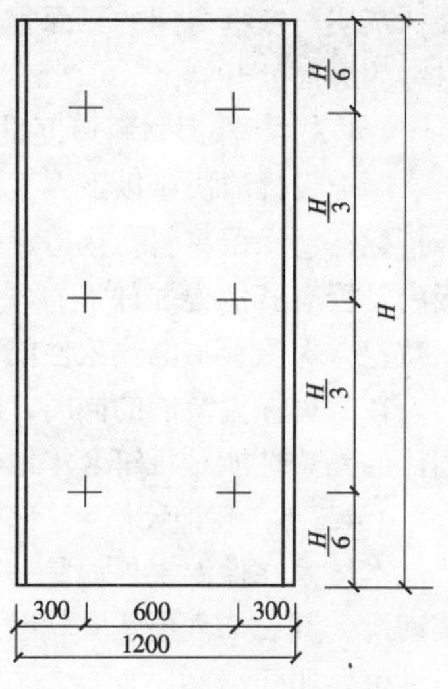

图4.4.2　L形钢筋位置图

4.4.2.3　门窗

(1) 在符合经济和美观条件下，窗户尽可能靠墙外侧，以减少外窗口外侧四周墙面面积；

(2) 窗户传热系数应根据不同地区节能要求，满足相应指标，如华北寒冷地区应小于或等于3.5W/（m^2·K）（节能65%地区应小于等于2.8W/（m^2·K））；

(3) 窗户三性指标：

1) 空气渗透宜不低于Ⅱ级标准，即小于或等于1.5m^3/（m·h）（节能65%地区应达到Ⅲ级标准）；

2) 抗风压多层不低于Ⅲ级标准，即大于或等于2500Pa；中高层和高层不低于Ⅱ级标准，即大于或等于3000Pa；

3) 雨水渗透不低于Ⅲ级标准，即大于或等于250Pa。

(4) 窗框与墙体交接部位，除应有牢固连接外，窗框与墙之间的缝隙不得采用普通水泥砂浆填塞，应采用保温材料，窗框四周抹灰层与窗框之间的界面宜用嵌缝油膏处理，以免在两种不同材料的界面处开裂。

4.4.2.4　保温材料厚度设计

厚度设计取决于以下因素：①国家对各地区外墙的热工要求和指标；②保温材料在构造上的特点（如是否设有空气层，保温板内是否有其他构配件等）；③建筑的体形系数；④窗户的传热系数；⑤保温板材的热工性能；⑥混凝土墙体的厚度。

在考虑保温节能的同时，在有隔热要求的地区，同时应验算墙体的隔热性能是否符合本地区的隔热指标。

4.4.2.5　装饰装修

本体系在保温层外面是一带有钢丝网架并呈锯齿形的加强砂浆面层，其装饰表层适宜粘贴面层（也可作涂料）。

（1）如外墙粘贴面砖，在保温板表面完成水泥砂浆抹灰层后，应用柔性胶粘剂粘贴面砖，粘贴工艺应按国家有关装饰标准设计和施工；

（2）如外墙为涂料做法，则在保温板表面完成抗裂水泥砂浆抹灰层后，应在外表抹聚合物砂浆耐碱涂塑玻纤网格布防护层和弹性腻子；

（3）外墙涂料宜采用弹性有机涂料。

4.4.2.6　防裂措施

（1）为防止门窗四角开裂应附加网片，四角网片尺寸为 400mm × 200mm 与窗角呈 45°。在阴阳角部位也应附加角网或专用带孔金属保护角，板缝之间钢丝网片应用火烧丝绑扎，间距小于或等于 150mm。

（2）在每层层间宜留水平分层缝，层间保温板外钢丝网应断开，缝隙嵌入泡沫塑料棒，表面用嵌缝油膏嵌缝，垂直分格条之间嵌入泡沫塑料棒，外表用嵌缝油膏嵌缝。垂直分隔缝位置，宜按墙面面积留缝，在板式建筑中宜小于或等于 $30m^2$，在塔式建筑中应视具体情况而定，一般宜留在阴角部位，也可按建筑师审美要求设置。

(3) 抹灰层：本体系的表面处理是在面层抹掺有防裂剂的抗裂水泥砂浆，其装饰表层适宜粘贴面砖（粘贴材料及工艺应按国家有关装饰标准设计和施工）。抹灰层平均总厚度不宜大于30mm (从保温板凹凸槽底表面起始)，每次抹灰层厚度宜小于或等于15mm，如外墙做涂料面层，则在保温板表面完成水泥砂浆抹灰找平层后，在外表抹4～5mm的聚合物水泥砂浆玻纤网格布防护层和弹性腻子。装饰面层涂料宜采用弹性有机涂料。

4.4.2.7 施工

(1) 施工准备

1) 技术准备

●熟悉各方提供的有关图纸资料，参阅有关施工工艺，做好内业；

●了解材料性能，掌握施工要领，明确施工顺序；

●与提供成套材料和技术的企业联系，并由该企业派员在现场对工人进行培训和做技术指导。

2) 材料准备

●保温构件：厚度按设计要求，表观密度18～20kg/m^{3}自熄型单层钢丝网架聚苯泡沫保温构件（表面应喷涂界面剂)；

●保温板与墙体连接材料：经防锈处理的L形Φ6钢筋或尼龙胀管；

●做涂料面层时，其防护砂浆层材料：普通硅酸盐水泥P.O32.5，中砂，干粉料或聚合物乳液，防裂外加剂，涂塑耐碱玻纤网格布。

●面层：面砖或弹性有机涂料按设计要求。

●其他材料：聚苯颗粒保温浆料、泡沫塑料棒、塑料滴水线槽、分格条和嵌缝油膏等。

3) 机具准备

切割聚苯板操作平台、电热丝、接触式调压器、盒尺、墨斗、砂浆搅拌机、抹灰工具、检测工具等。

(2) 施工顺序

1）钢筋绑扎

●钢筋须有出厂证明及复试报告。

●采用预制点焊网片做墙体主筋时，须严格按其操作规程执行。

●绑扎钢筋时严禁碰撞预埋件，若碰动时应按设计位置重新固定牢固。

2）安装外墙外保温构件

●内、外墙钢筋绑扎经验收合格后，方可进行保温构件安装；

●按照设计所要求的墙体厚度弹水平线及垂直线，以确定外墙厚度尺寸，同时在外墙钢筋外侧绑卡砂浆块（不得采用塑料垫卡），每块板内不少于 6 块，以确保钢筋与保温构件之间的保护层；

●拼装保温构件：保温构件就位后，板之间用火烧丝绑扎，间距小于或等于 150mm，用电烙铁在聚苯板上烫孔，将经过防锈处理的 $\Phi6$ L 形筋按位置穿过保温板，用火烧丝将其与墙体钢筋绑扎牢固。L 形筋：$\Phi6$、长度为墙厚 + 保温层厚 + 100mm，弯勾 30mm 外表应刷防锈漆两道或其他防锈处理。尼龙胀管长度为墙厚 + 保温层厚 + 50mm，穿墙孔应堵塞严密以防在浇筑混凝土时跑浆；

●保温板外侧低碳钢丝网片均按楼层层高断开，互不连接。

3）模板安装

宜采用钢质大模板，按保温板厚度确定模板配置尺寸、数量。

●按弹出之墙线位置安装模板，在底层混凝土强度不低于 7.5MPa 时，安装开始。安装上一层模板时，利用下一层外墙螺栓孔挂三角平台架（安全防护架）；

●安装外墙外侧模板，安装前须在现浇混凝土墙体的根部或保温板外侧采取可靠的定位措施，以防模板挤靠保温板。模板放在三角平台架上，将模板就位，穿螺栓紧固校正，连接必须严密、牢固，防止出现错台和漏浆现象。

4）混凝土浇筑。

宜采用商品混凝土，其塌落度应大于或等于180mm。

●墙体混凝土浇筑前保温板顶面必须采取遮挡措施，防止保温板受损坏，和浇筑混凝土时板向内侧倾斜，应安装槽口保护套，形状如“Π”形，宽度为保温板厚度加模板厚度。新、旧混凝土接槎处应均匀浇筑30～50mm同强度等级的减石混凝土。混凝土应分层浇筑，厚度控制在500mm，一次浇筑高度不宜超过1.0m，混凝土下料点应分散布置，连续进行，间隔时间不超过2h；

●振捣棒振动间距一般应小于500mm，每一振动点的延续时间以表面呈现浮浆和不再沉落为度；

●洞口处浇筑混凝土时，应沿洞口两边同时下料，使两侧浇筑高度大体一致，振捣棒应距洞边300mm以上，以保证洞口下部混凝土密实；

●施工缝留置在门洞口过梁跨度1/3范围内，也可留在纵横墙的交接处；

●墙体混凝土浇筑完毕后，需整理上口甩出钢筋，并以木抹子抹平混凝土表面，采用预制楼板时，宜采用硬架支模，墙体混凝土表面标高低于板底30～50mm。

5）模板拆除

●在常温条件下，墙体混凝土强度不低于1.0MPa，冬期施工墙体混凝土强度不低于7.5MPa时，才可以拆除模板；拆模时应以同条件养护试块抗压强度为准；

●先拆外墙外侧模板，再拆外墙内侧模板，并及时修整墙面混凝土边角和清除粘在板面的漏浆；

●穿墙套管拆除后，混凝土墙部分孔洞应用于硬性砂浆捻塞，保温板部分孔洞应用保温材料补齐；

●拆模后保温板上的横向钢丝必须对准凹槽，钢丝距槽底大于或等于8mm。

6）混凝土养护

常温施工时，模板拆除后12h内喷水或用养护剂养护，不少于七昼夜，如喷洒水养护，次数以保持混凝土具有湿润状态为准。冬期施工时应定点、定时测定混凝土养护温度，并做记录。

7）外墙外保温板板面抹灰

●抹灰前准备：①凡保温板表面有余浆与板面结合不好，如有酥松空鼓现象者均应清除干净，无灰尘、油渍和污垢；②绑扎阴阳角，窗口四角角网，角网尺寸应为400mm×1200mm、200mm×1200mm钢丝网架板拼缝处应用火烧丝绑扎，间距应小于或等于150mm，窗口四角八字网尺寸应为400mm×200mm呈45°；③两层之间保温板钢丝网应断开不得相连。

●原材料：水泥为32.5普通硅酸盐水泥；砂子为中砂，含泥量小于或等于3%；水泥砂浆按1:3或1:1:6比例配置，并按水泥重量加入防裂剂，要求其收缩值小于或等于1%。

●抹灰：①板面上界面剂如有缺损，应在上补界面处理剂，要求均匀一致，不得露底（包括钢丝网架）；②抹灰层之间及抹灰层与保温板之间必须粘结牢固，无脱层、空鼓现象；表面应光滑洁净，接茬平整，线角须垂直、清晰；③抹灰应分底层和面层，分层抹灰待底层抹灰凝结后可进行面层抹灰，每层抹完后均需喷水养护，或喷养护剂；④分隔条宽度、深度要均匀一致，平整光滑，横平竖直，棱角整齐，滴水线槽流水坡要正确、顺直，槽宽和深度不小于10mm；⑤如为涂料装饰抹灰完成后，在常温下24h后表面平整无裂纹，即可在面层抹4～5mm聚合物水泥砂浆涂塑耐碱玻纤网格布防护层，然后在表面做弹性腻子和有机弹性涂料；⑥外墙如贴面砖宜采用胶粘剂并应按《建筑工程饰面砖粘结强度检验标准》JGJ 110－97进行检验；⑦注意环境影响，施工时应避免大风天气，当气温低于5℃时，停止施工。

8）成品保护措施

●抹完水泥砂浆面层后的保温墙体，不得随意开凿孔洞，如确有开洞需要，如安装物件等，应在砂浆达到设计强度后方可进行，待安装物体完毕后修补洞口；

●翻拆架子时应防止撞击已装修好的墙面、门窗洞口，边、角、垛处应采取保护措施。其他作业也不得污染墙面，严禁踩踏窗台。

(3) 检验与验收

1) 原材料质量

●现浇有网体系的所有材料质量和技术性能应满足有关国家、行业、地方标准及有关图集的要求；

●现浇有网体系的保温板制品的质量要满足有关国家、行业、地方标准的要求；

●材料及制品性能的检测应根据国家、行业、地方标准规定的方法，由具有资质的检测部门进行，并出具报告。

2) 施工质量

现浇有网体系施工质量的检验与验收应满足《混凝土结构工程施工质量验收规范》GB 50204－2002、《建筑装饰装修工程质量验收规范》GB 50210－2001、《外墙外保温工程技术规程》JGJ 144－2004 及有网体系施工工艺的要求。

4.4.3 体系研发中着重解决的问题

4.4.3.1 保温板材质选择与确定

采用阻燃型聚苯乙烯泡沫塑料，因其质量轻、吸水率低、耐候性好、导热系数低，是外保温优选材料。考虑到混凝土在浇筑过程中所产生的侧压力有可能导致保温板压缩变形而影响墙体的保温效果，因此对保温板密度的选择十分重要，在工程现场应抽样检测，其干密度应为 18～20kg/m^3 的聚苯板。

4.4.3.2 保温板外型设计

为了防止混凝土浇筑时产生的侧压力使钢丝网架压入保温板的钢丝网无砂浆保护层，应将带有钢丝网架的保温板面开出底宽 30mm、下底宽 20mm、深 10mm 的水平齿槽形状，要求横向钢丝位于槽中间，以保证横向钢丝有足够的砂浆保护层。考虑到聚苯泡沫吸水率低，为防止斜插丝受潮锈蚀，应采用镀锌丝；同时考虑到钢丝网架在堆放和施工中容易引起锈蚀，为使抹灰层与钢丝网架板结合良好，故产品出厂前板面应喷涂界面剂。

4.4.3.3 斜插丝对保温板性能的影响

由于构造需要，斜插丝为 200 根/m^2，用以支撑钢丝网，并穿过聚苯板与主体墙浇筑在一起，其热工性能经过测试，平均厚度45mm 的保温板导热系数为 0.0318W/（m^2·K）；平均厚度50mm 的保温板导热系数为 0.0316W/（m^2·K），与没有插丝的聚苯板相比较差异很小，为了保证保温板热工性能的可靠性，在实际计算保温板厚度时，仍乘上 1.2 的修正系数。

4.4.3.4 保温板与混凝土墙的结合力

两者的结合有三种结合力，一是保温板与混凝土本身的粘结力，实际检测平均大于 0.067N/m^2；二是斜插丝在混凝土中的锚固力，实际检测为 1248kN；每平方米 200 根则抗拔力为 25t；三是插入的 Φ 6L 形钢筋在混凝土中锚固力为 391.5kg/m^2；三种结合力为 26t/m^2，因此保温板与混凝土墙结合牢固，有足够的安全储备，这是其他保温形式不可比的。

4.4.3.5 防止饰面层开裂的措施

试验表明，保温板的拼接处、窗洞口四角抹灰层易开裂的部位应采取措施。一是结构措施要求安装时拼接紧密，接缝越小越好，板间接缝处按间距 150mm 用火烧丝绑扎钢网，阴阳角处用角网连接；窗洞口角部加设八字平网；两层之间要分缝，钢丝断开；竖缝视具体部位而定。二是抹灰时要做好表面处理，即出厂前板面要喷涂界面剂，并清理剔除漏浆空鼓，水泥砂浆掺入抗裂剂，每次抹灰厚度不大于 15mm 为宜，而且要加强养护，并按规定做面砖或装饰涂料。

4.4.4 EPS钢丝网架板现浇混凝土外墙外保温工程实例

(1) 工程概况：月亮河美家园，位于北京市通州区运河文化广场与京哈高速公路交接处，占地面积约150000m²，总建筑面积约100000m²，建筑节能实施面积约50000m²，采用全现浇剪力墙结构形式，建筑层数由5层~11层不等。本工程于2003年开工，自2003年5月开始使用该产品，于2004年7月竣工。

(2) 工程采用的外墙外保温技术体系

本工程的外墙外保温节能性能设计指标为50%，外墙外保温采用EPS钢丝网架板现浇混凝土外墙外保温体系，采用50mm厚聚苯板，墙体剖面详图见4.4.4-1。

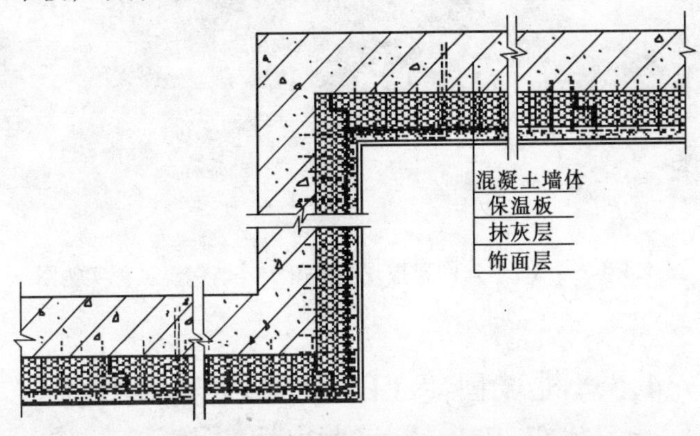

图4.4.4-1 墙体剖面详图

(3) 施工组织

施工工艺流程：钢筋隐蔽检查完毕→安装保温板（固定钢筋穿透保温板并用火烧丝绑扎）→安装模板→浇筑墙体混凝土→抹保温板面层抗裂砂浆→用专用柔性面砖胶粘剂粘贴面砖。

施工要点：保温板必须拼装严密防止跑浆，面层砂浆必须掺入抗裂剂，防止因砂浆收缩造成开裂，面砖粘结砂浆必须采用柔性面砖粘贴砂浆。

(4) 外墙实际的保温隔热效果：保温层厚度为50mm，外墙系统导热系数：0.92W/（m·K）。

（5）工程实物见（图 4.4.4-2）。

图 4.4.4-2　EPS 钢丝网架板现浇混凝土外墙保温工程实例图

4.5　机械固定 EPS 钢丝网架板外墙外保温系统构造和技术要求

机械固定 EPS 钢丝网架板外保温系统符合建筑节能需要，应用已有十多年历史，使用面积达数百万平方米。适用于砌体、框架填充墙和现浇剪力墙建筑，施工简便，易于操作，钢丝抹灰层 25mm 厚，耐火性能超过 1.2h；钢网抹灰基层可靠、适合粘贴面砖饰面。以往多采用 1:3 水泥砂浆抹面，强度高属刚性，灰层厚易产生干缩和温度裂缝，严重影响使用寿命和保温效果。根据建筑节能发展需要，提高外墙外保温用 EPS 钢丝网架板现场安装质量，改进抹灰配比做法，合理设置保温系统的变形缝，全面改进、整体提高，势在必行。

4.5.1 系统特点

（1）外墙外保温用EPS钢丝网架板（简称SB板），是以阻燃型聚苯乙烯板为保温芯材，配有双向斜插入的高强度钢丝，并与单面覆以网目50mm×50mm的$\phi2.0$钢丝网片焊接，成为带有整体焊接钢丝网架的保温板材，其中斜插钢丝不穿透EPS板的为SB1板，穿透EPS板的为SB2板。SB板必须是机械连续自动焊接而成，严禁手工焊网。

（2）SB板可以和多种墙体复合，如实心砖墙、多孔砖墙、混凝土空心砌块墙体及现浇钢筋混凝土墙体。

（3）SB1板构造图（图4.5.1）

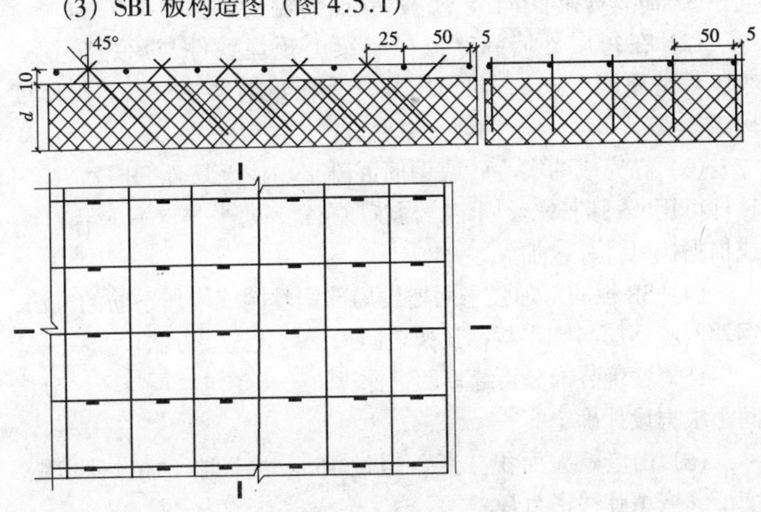

图4.5.1　SB1板构造图

4.5.2 材料要求

（1）钢丝：SB板板面网片的冷拔钢丝为$\phi2.0\pm0.05$，用于斜插的镀锌冷拔钢丝为$\phi2.0\pm0.05$，其抗拉强度不小于550N/mm²，钢网脱焊、漏焊点不得超过2%，连续脱焊点不应多于2个，斜插丝脱焊点不得超过2%。

（2）芯板：阻燃型聚苯乙烯芯板密度为15～20kg/m³，氧指数大于或等于 30，其余应符合《隔热用聚苯乙烯泡沫塑料》GB 10801 - 89 的规定。

（3）抹灰砂浆：用于 SB 板砂浆面层宜采用不低于 M10 的抗裂水泥砂浆。如饰面层为弹性涂料时，为避免墙体开裂，应在西山墙中层抹灰后压入耐碱玻纤网格布，网格布应符合《耐碱玻纤网格布》JC/T 841 - 1999 的规定。

4.5.3 构造要求

（1）采用 SB1 板与砌体复合时，应在墙体预埋 $\phi6$ 拉结筋，双向间距 500mm，梅花形布置，$\phi6$ 拉结筋距保温板端边120 ~ 150mm。

（2）在每层外墙圈梁或框架梁上预埋铁件与承托角钢焊牢，焊缝厚度 $h_f = 6$，四边围焊。承托角钢尺寸根据芯板厚度确定。

（3）在完成的实心砖或钢筋混凝土墙体上复合 SB 板，锚固铁件可用 $\phi6$ 膨胀螺丝固定，梅花形布置，每平方米不少于 7 个，或根据抗风计算增加。

（4）SB 板局部加强采用增设局部钢丝网或增加钢筋的方法，钢丝网和钢筋与 SB1 板钢丝架之间采用绑扎连接方法。

（5）建筑装饰分格缝，凹进深度，不得透过底层抹灰，分格间距根据设计确定。

（6）山墙等大面积抹灰，超过 $15m^2$ 以上时，宜设变形缝，变形缝嵌填弹性密封膏。

4.5.4 技术要求

（1）根据不同地区风荷载和建筑物高度，保温墙面所承受的最大风荷载、拉结筋和膨胀螺栓的拉拔力等参数由生产厂家提供，由设计人员进行验算。

（2）中高层、高层建筑外墙外保温层的钢丝应有防雷接地措施，以防雷击事故。接地措施由设计人员根据具体情况确定。

4.5.5 SB 板安装施工

4.5.5.1 施工准备

(1) 材料：SB 板，各种宽度的冷拔镀锌钢丝平网、角网、U 形网，$\phi6$ 钢筋、锚固铁件、膨胀螺栓和 22 号镀锌钢丝、承托角钢、预埋件；

(2) 工具：冲击钻、锤、扳手、断丝剪、钢尺、钢锯及常用工具；

(3) 作业条件：

● 检查 SB 板质量：对于运输、堆放造成的变形，必须予以矫正，脱焊点必须补焊或用钢丝扎紧；

● 清理墙面：清除墙面上灰渣，并将墙面上不平整处补平。

4.5.5.2 施工操作要点

(1) 实心墙先在墙内予埋 $\phi6$ 拉结筋，筋长 320mm，予埋端设 20mm 弯钩，外露 160mm，拉结筋双向中距不应大于 500mm；多孔砖墙予埋拉结筋构造同实心墙；混凝土墙用 $\phi6$ 胀管螺丝固定，每平方米不少于 7 个固定胀管螺丝。拉结筋（或胀管螺丝）呈梅花形布置，外露拉结筋预刷两道防锈漆。沿门窗洞的拉结筋距洞边宜为 75mm；

(2) 在圈梁或框架梁上预埋连接件，其中距应小于或等于 1200mm，SB 板承托角钢与预埋连接件焊接；

(3) SB 板按设计裁板，拼接后安装就位。砌体墙拉结筋穿透 SB 板后扳倒，把钢丝网片压紧，并用钢丝扎紧；

(4) 门窗洞口四角应铺 L 形 SB 板，不应采用直缝拼扳，并在洞口四角 SB 板附加 45°斜铺 400mm × 200mm 钢网；

(5) 板与板应挤紧，聚苯不碰头可用聚苯条塞实，要保证保温层严密；

(6) 外墙阴阳角及门窗口、阳台底边处等，须附加钢丝网(平网、角网、U 形网)；

(7) 钢筋混凝土墙上复合 SB 板，可用 $\phi6$ 膨胀螺栓通过锚固件固定在墙体上。锚固件为镀锌薄钢板，槽深根据保温板厚度确定；

（8）大墙面超过 15m^2 时，宜设置水平和垂直变形缝，变形缝净宽 20mm，内填聚乙烯棒形背衬，外嵌弹性密封膏。变形缝两侧 SB 板应用 U 形钢网包边，砂浆抹平后缝宽 20mm。

4.5.6 外墙面抹灰

4.5.6.1 抹灰前准备

（1）抹灰前要认真清除板面灰尘、污垢、油渍等；

（2）检查加固阴阳角及拼缝网片，应顺直、平整、牢固。

4.5.6.2 原材料

（1）抹面砂浆：PO32.5 普通硅酸盐水泥；中砂，含泥量小于或等于 3%；底层和中层水泥砂浆按 1:4 比例配制；

（2）界面处理剂：聚合物水泥浆，内掺 4%的抗裂剂和适量熟石灰粉，28d 抗压强度应达到 10MPa。面层为细砂水泥砂浆内掺 8%抗裂剂和 1%甲基纤维素；

（3）耐碱玻纤网格布。

4.5.6.3 抹灰

（1）抹灰前，在 SB 板面未涂刷界面剂的部分，均匀喷涂或刷涂一层界面处理剂；

（2）抹灰分三层：底层、中层和罩面层。底层厚 12～15mm，中层 8～10mm，罩面层 3～5mm，总厚度不小于 25mm。西山墙应在中层抹灰后，压入一层玻纤网格布，再抹罩面层灰；

（3）饰面，涂料饰面时，应在罩面层上先刮一层专用罩面腻子，不平处应用砂纸磨平。面砖饰面时，在罩面层上用专用粘结砂浆粘结面砖，专用胶粉勾缝。

4.5.7 机械固定 EPS 钢丝网架板外墙外保温系统工程实例

山东威海国际尚城住宅小区工程于 2002 年 3 月开始动工，总建筑面积 15 万 m^2，属威海高要求的环保、节能、充分体现人文文化的小区。尤其在建筑节能方面，为达到节能 50%的总体目标，业主方派出专家组对各种节能体系、节能材料、施工工艺等经过反复的筛选与论证，最后决定采用SB板进行外墙保温，实施效果达到优良。

本工程采用SB板6万m^2，技术承担单位对此工程相当重视，组织技术力量对产品质量把关、安装工艺、抹灰工艺进行了科学详尽的研究，编制出一套科学的、完善的施工组织设计，使工程无论在质量、进度，还是节能等方面，都达到了国家标准的要求。

(1) 原材料把关：进厂的钢丝和EPS原料必须有合格证、检验单。钢丝在供货方提供检验报告的基础上，到建筑材料检测单位重新检测，合格方可使用。

(2) 制作过程把关：严把每一道工序关，上一道工序不合格不能进入下一道工序制作。EPS发泡后的成型板材，自然条件下放置28d，待其收缩变形稳定后，方可裁板使用。

(3) 安装过程质量把关：

1) 此工程钢筋混凝土部分采用锚固件与膨胀螺栓固定，砌块外墙部分采用在砌筑块体时预埋钢筋的方法进行固定。钢筋预埋后在安装SB板前进行拉拔力检测；

2) 清除原墙面残留的灰渣、泥浆等，保证墙面平整度，对原基体墙进行平整度的检查，不符合要求的要进行整平，然后安装SB板。

(4) 抹灰过程质量把关：

抹灰用水泥为P.O32.5普通硅酸盐水泥，砂子宜采用中砂，含泥量小于或等于3%，细度模数不低于2.3。抹灰分三遍进行，底层灰、中层灰用1:4水泥砂浆，面层用1:2水泥砂浆压光。每层抹灰的间隔时间就气温而定，正常气温下间隔2d以上，气温较低时，应适当延长间隔时间，每层水泥砂浆终凝后均应洒水养护。

4.6 现场喷涂硬泡聚氨酯外墙外保温系统构造和技术要求

4.6.1 一般规定

(1) 本系统适用于需冬季保温、夏季隔热的多层及中高层新建民用建筑、工业建筑以及既有建筑节能改造的外墙外保温工程。

(2) 本系统适用于抗震设防烈度小于或等于8度的建筑物。

(3) 本系统适用于基层墙体为混凝土外墙或各种类型的砌体外墙。

4.6.2 系统构造

现场喷涂硬泡聚氨酯外墙外保温系统根据饰面层做法的不同，可分为涂料饰面系统及面砖饰面系统两种。基本构造为：聚氨酯防潮底漆层、聚氨酯保温层、聚氨酯界面砂浆层、胶粉聚苯颗粒保温浆料找平层；抗裂砂浆复合涂塑耐碱玻纤网格布（涂料饰面）或抗裂砂浆复合热镀锌电焊网尼龙胀栓锚固（面砖饰面）抗裂防护层，表面刮涂抗裂柔性耐水腻子、涂刷饰面涂料或面砖粘结砂浆粘贴面砖构成饰面层，其系统构造如图 4.6.2。

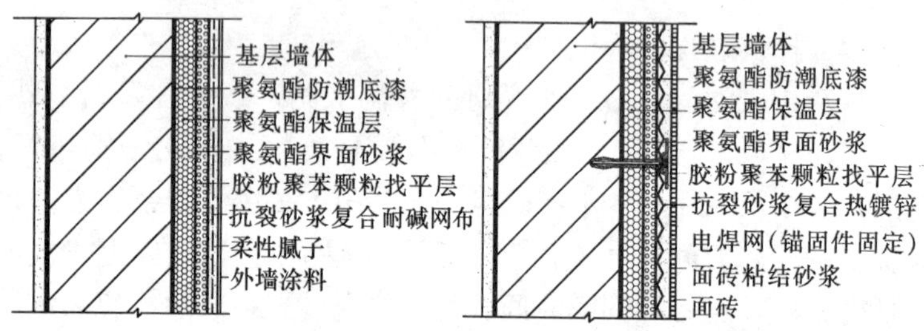

图 4.6.2 现场喷涂硬泡聚氨酯外墙外保温系统
（*a*）涂料饰面；（*b*）面砖饰面

4.6.3 设计要点

(1) 设计应分别符合《民用建筑热工设计规范》GB 50176－93；《民用建筑节能设计标准》(采暖居住建筑部分) JGJ 26－95；《夏热冬暖地区居住建筑节能设计标准》JGJ 75－2003；《既有居住建筑节能改造技术规程》JGJ 129－2000；《夏热冬冷地区居住建筑节能设计标准》JGJ 134－2001 的要求。

(2) 本系统中聚氨酯保温层的厚度应符合国家和本地区现行的相关建筑节能设计标准的规定。

(3) 本系统外饰面粘贴面砖时，抗裂防护层中的热镀锌电焊网要用塑料锚栓双向@500mm 锚固，确保外饰面层与基层墙体的有效连接。

(4) 热桥部位如门窗洞口、飘窗、女儿墙、挑檐、阳台、空调机搁板等部位应加强保温，不易喷涂聚氨酯的部位应抹胶粉聚苯颗粒保温浆料。

4.6.4 施工准备

4.6.4.1 系统及材料性能要求

(1) 现场喷涂硬泡聚氨酯外墙外保温系统性能指标应符合表 4.6.4-1 的规定。

表 4.6.4-1 现场喷涂硬泡聚氨酯外墙外保温系统性能指标

<table>
<tr><th colspan="2">试验项目</th><th colspan="2">性能指标</th></tr>
<tr><td colspan="2">耐候性</td><td colspan="2">经 80 次高温 (70℃) →淋水 (15℃) 循环和 20 次加热 (50℃) →冷冻 (－20℃) 循环后不得出现开裂、空鼓或脱落。抗裂防护层与保温层的拉伸粘结强度不应小于 0.1MPa，破坏界面应位于保温层</td></tr>
<tr><td colspan="2">吸水量/ (g/m^2) 浸水 1h</td><td colspan="2">≤1000</td></tr>
<tr><td rowspan="3">抗冲击强度</td><td rowspan="2">C 型</td><td>普通型 (单网)</td><td>3J 冲击合格</td></tr>
<tr><td>加强型 (双网)</td><td>10J 冲击合格</td></tr>
<tr><td>T 型</td><td colspan="2">3.0J 冲击合格</td></tr>
</table>

续表 4.6.1-1

试验项目	性能指标
抗风压值	不小于工程项目的风荷载设计值
耐冻融	严寒及寒冷地区 30 次循环、夏热冬冷地区 10 次循环表面无裂纹、空鼓、起泡、剥离现象
水蒸气湿流密度，g/（m^2·h）	≥0.85
不透水性	试样防护层内侧无水渗透
耐磨损，500L 砂	无开裂，龟裂或表面保护层剥落、损伤
系统抗拉强度（C 型），MPa	≥0.1 并且破坏部位不得位于各层界面
饰面砖粘结强度（T 型），MPa（现场抽测）	≥0.4
抗震性能（T 型）	设防烈度等级地震作用下面砖饰面及外保温系统无脱落

（2）现场喷涂硬泡聚氨酯外墙外保温系统材料性能指标应符合表 4.6.4-2～4.6.4-6 的规定。

表 4.6.4-2　聚氨酯防潮底漆性能指标

项目		单位	指标
外观		—	淡黄至棕黄色液体、无机械杂质
施工性		—	刷涂无困难
干燥时间（常温）	表干	h	≤4
	实干		≤24
附着力	干燥基层	级	≤1
	潮湿基层		≤1
耐碱性		—	48h 不起泡、不起皱、不脱落

表 4.6.4-3　聚氨酯泡沫塑料

项　　目			单　位	指　　标
喷涂效果			—	无流挂、塌泡、破泡、烧芯等不良现象，泡孔均匀、细腻、24h后无明显收缩
密　度			kg/m³	30～50
压缩强度（屈服点时或变形10%时的强度）			kPa	≥150
抗拉强度			kPa	≥150
导热系数			W（m·K）	≤0.025
尺寸稳定性（70，48h）			%	≤5
水蒸气透湿系数［温度（23±2）℃，相对湿度（0～85）%］			ng/(pa·m·s)	≤6.5
吸水率（V/V）			%	≤3
燃烧性	垂直燃烧法	平均燃烧时间	s	≤30
		平均燃烧高度	mm	≤250

聚氨酯预制边角模块长度为900mm，夹角为直角（90°），基本外形及尺寸应符合图4.6.4的要求，外观应基本平整，无严重凹凸不平及变形，标准厚度部位完整，不允许有缺损，接茬部位允许有缺省，但面积应小于或等于25cm²。

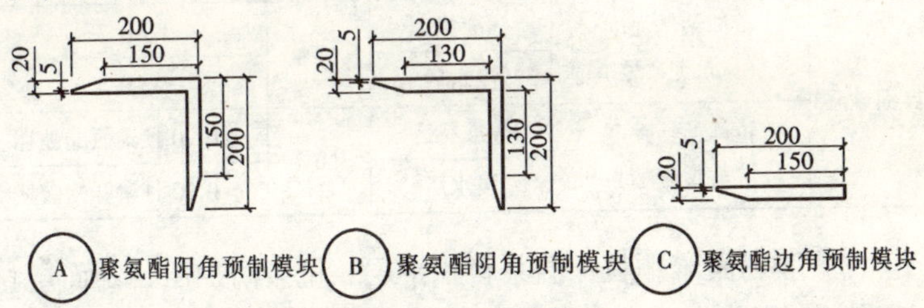

图4.6.4　聚氨酯预制边角模块外形及尺寸要求

表 4.6.4-4　聚氨酯预制边角模块尺寸偏差

项　　目	单　　位	指　　标
长度、宽度	mm	±5
厚　度	mm	±3
角　度	度（°）	±2

表 4.6.4-5　聚氨酯预制边角模块用胶粘剂性能指标

项　目		单　位	指　标
容器中状态	A组分	—	均匀膏状物，无结块、凝胶、结皮或不易分散的固体团块
	B组分		均匀棕黄色胶状物
干燥时间	表干时间	h	≤4
	实干时间		≤24
拉伸粘结强度（与水泥砂浆）	标准状态	MPa	≥0.5
	浸水后		≥0.3
拉伸粘结强度（与聚氨酯）	标准状态	MPa	≥0.20 或聚氨酯试块破坏
	浸水后		≥0.20 或聚氨酯试块破坏

表 4.6.4-6　聚氨酯界面剂及界面砂浆性能指标

项　目			单　位	指　标
界面剂	容器中状态		—	搅拌后均匀无结块
	施工性		—	刷涂无困难
	低温贮存稳定性		—	3 次试验后，无结块、凝聚及组成物的变化
界面砂浆	拉伸粘结强度（与水泥砂浆）	标准状态	MPa	≥0.7
		浸水后		≥0.5
	拉伸粘结强度（与聚氨酯）	标准状态	MPa	≥0.20 且聚氨酯破坏
		浸水后		≥0.20 且聚氨酯破坏

（3）胶粉聚苯颗粒保温浆料找平层、抗裂防护层、饰面层材料和其他辅助材料应符合《胶粉聚苯颗粒外墙外保温系统》JG 158－2004的规定。

4.6.4.2　施工条件

（1）基层墙体应符合《混凝土结构工程施工质量验收规范》GB 50204－2002 和《砌体工程施工质量验收规范》GB 50203－2002 的要求。基层墙体的平整度误差不应超过 3mm，否则应先对基层墙体进行找平后方可进行喷涂聚氨酯的施工；

(2) 为确保聚氨酯与基层墙体的有效粘结，基层墙体应该充分干燥，并应对基层墙体进行界面处理；

(3) 门窗洞口等边角处难以喷涂聚氨酯的部位应采用粘贴或锚固聚氨酯块材的方法在喷涂前施工完成；

(4) 墙面应清理干净，清洗油渍，施工孔洞、架眼以及阳台板、墙板残缺处应用水泥砂浆修补整齐、清扫浮灰等；旧墙面松动、风化部分应剔除干净；

(5) 外墙面上的雨水管卡、预埋铁件、设备穿墙管道等应提前安装完毕，并预留出外保温层的厚度；

(6) 施工用吊篮或专用外脚手架搭设牢固，安全检验合格后方可上人施工。脚手架横竖杆距离墙面、墙角适度，脚手板铺设与外墙分格相适应。施工时应有防止工具、用具、材料坠落的措施；

(7) 作业时环境温度不应低于10℃，风力不应大于5级，风速不宜大于10m/s。严禁雨天施工。雨期施工时应做好防雨措施。

4.6.4.3　工具与机具

电动吊篮或专用保温施工脚手架、强制式砂浆搅拌机、垂直运输机械、水平运输手推车、手提式搅拌器、电锤、钳子、手锤、常用的抹灰工具及抹灰的专用检测工具、经纬仪及放线工具、水桶、剪子、滚刷、铁锹、扫帚、壁纸刀、托线板、方尺、靠尺、塞尺、探针、钢尺等。

4.6.4.4　材料配制

(1) 聚氨酯防潮底漆的配制：聚氨酯防潮底漆与稀释剂按0.5:1质量比搅拌均匀，并在4h内用完。

(2) 聚氨酯预制块胶粘剂的配制：固化剂与胶粘剂按1:4（体积比）搅拌均匀，并在4h内用完。

(3) 硬泡聚氨酯的配制：聚氨酯白料与聚氨酯黑料按1:1（体积比）配制，采用高压无气喷涂机在大于10MPa的压力条件下混合喷出。

(4) 聚氨酯界面砂浆的配制：聚氨酯界面剂与水泥按 1:0.5 的质量比用砂浆搅拌机或手提式搅拌器搅拌均匀，拌合好的界面砂浆应在 2h 内用完。

4.6.5 施工

4.6.5.1 施工程序

现场喷涂硬泡聚氨酯外墙外保温系统施工程序见图 4.6.5。

4.6.5.2 施工要点

(1) 基层处理

墙面应清理干净，清洗油渍、清扫浮灰等。墙面松动、风化部分应剔除干净。墙表面凸起物大于或等于 10mm 时应剔除。

(2) 吊垂直、套方、弹控制线

根据建筑要求，在墙面弹出外门窗水平、垂直控制线及伸缩线、装饰线等。在建筑外墙大角及其他必要处挂垂直基准钢线和水平线。对于墙面宽度大于 2m 处，需增加水平控制线，做标准厚度冲筋。

(3) 粘贴聚氨酯预制块

在大阳角、大阴角或窗口处，安装聚氨酯预制块，并达到标准厚度。窗口、阳台角、小阳角、小阴角等也可用靠尺遮挡做出直角。以预制块标尺为依据，再次检验墙面平整度，对于不达标的墙体部位应补抹水泥砂浆或其他找平材料进行修补。基层平整度修补后允许偏差要求达到 ± 3mm。

(4) 涂刷聚氨酯防潮底漆

用滚刷将聚氨酯防潮底漆均匀涂刷，无漏刷透底现象。

(5) 喷涂硬泡聚氨酯保温层

开启聚氨酯喷涂机将硬泡聚氨酯均匀地喷涂于墙面之上，当厚度达到约 10mm 时，按 300mm 间距、梅花状分布插定厚度标杆，每平方米密度宜控制在 9 ~ 10 枝。然后继续喷涂硬泡聚氨酯，至与标杆齐平（隐约可见标杆头）。施工喷涂可多遍完成，

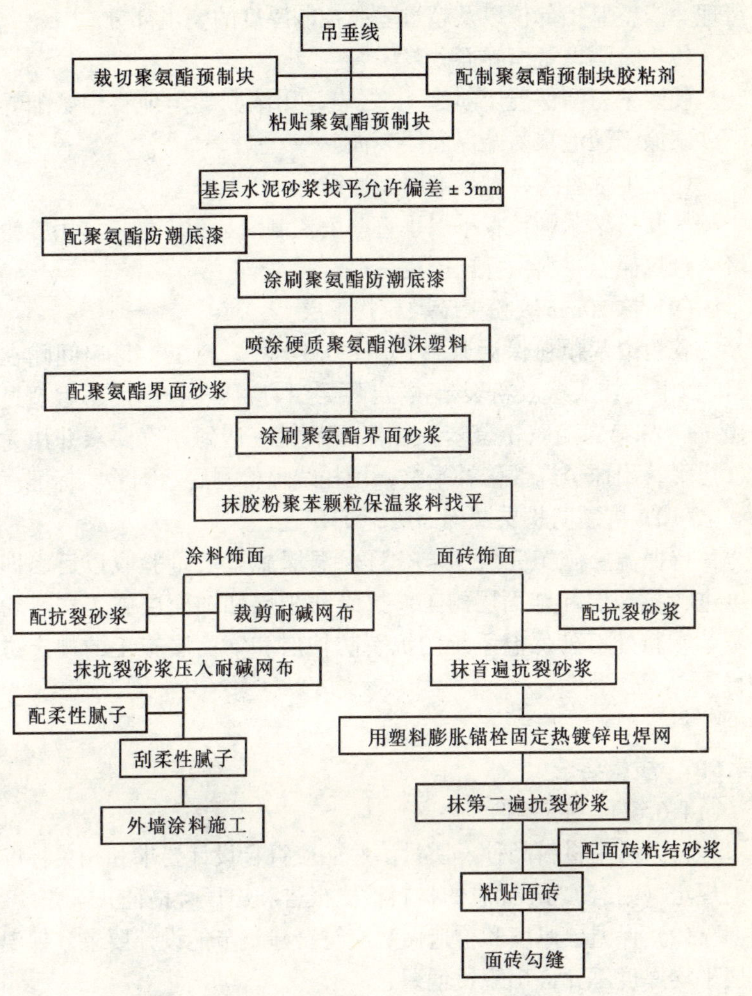

图 4.6.5　现场喷涂硬泡聚氨酯外墙外保温系统施工程序

每次厚度宜控制在 10mm 之内。不易喷涂之部位可用胶粉聚苯颗粒保温浆料处理。

（6）修整聚氨酯保温层

硬泡聚氨酯保温层喷涂 20min 后用裁纸刀、手据等工具开始清理、修整遮挡部位以及超过垂线控制厚度的突出部分。

(7) 涂刷聚氨酯界面砂浆

硬泡聚氨酯保温层喷涂4h之内，用滚刷均匀地将聚氨酯界面砂浆涂于硬泡聚氨酯保温层表面。

(8) 吊垂直线，做标准厚度冲筋

吊胶粉聚苯颗粒找平层垂直厚度控制线、套方做口，用胶粉聚苯颗粒保温浆料做标准厚度灰饼。

(9) 抹20mm胶粉聚苯颗粒找平层

胶粉聚苯颗粒保温浆料找平层应分两遍施工，每遍间隔在24h以上。抹头遍胶粉聚苯颗粒保温浆料应压实，厚度不宜超过10mm。抹第二遍胶粉聚苯颗粒保温浆料应达到厚度要求并用大杠搓平，用抹子局部修补平整，用托线尺检测后达到验收标准。

(10) 抗裂防护层及饰面层施工

待保温层施工完成3~7d且保温层施工质量验收以后，即可进行抗裂层和饰面层施工。抗裂防护层和饰面层施工按胶粉聚苯颗粒外墙外保温系统的抗裂防护层和饰面层施工的规定进行。

4.6.6 质量要求

4.6.6.1 主控项目

(1) 所用材料品种、质量、性能应符合设计要求和相关标准的规定（附有CMA标志的材料检测报告和出厂合格证）；

(2) 保温层厚度和构造做法应符合建筑节能设计要求，保温层平均厚度不允许出现负偏差；

(3) 保温层与墙体以及各构造层之间必须粘结牢固，无脱层、空鼓及裂缝，面层无粉化、起皮、爆灰；

(4) 面砖饰面时，面砖的品种、规格、颜色、性能应符合设计要求。面砖粘贴应无空鼓、裂缝。面砖粘贴必须牢固，粘贴面砖勾缝完工2个月后做拉拔试验，粘结强度应符合《建筑工程饰面砖粘接强度检验标准》JGJ 110标准要求。

4.6.6.2　一般项目

(1) 基层表面平整、洁净，接槎平整、线角顺直、清晰，毛面纹路均匀一致；

(2) 墙面所有门窗口、孔洞、槽、盒位置和尺寸正确，表面整齐清洁，管道后面抹灰平整；

(3) 分格缝宽度、深度均匀一致，平整光滑，棱角整齐、横平竖直，通顺。滴水线（槽）流水坡向正确，线（槽）顺直；

(4) 聚氨酯防潮底漆要求涂刷均匀，无漏刷之处；

(5) 硬泡聚氨酯保温层厚度应满足设计要求，粘结牢固，不得有起鼓翘边现象；

(6) 聚氨酯界面砂浆要求涂刷均匀，不得有漏底现象；

(7) 胶粉聚苯颗粒找平层要求粘结牢固，不得有起鼓现象。

4.6.6.3　外保温墙面允许偏差和检验方法

(1) 喷涂成型的硬泡聚氨酯保温层厚度、外观质量及尺寸偏差应符合表 4.6.6-1 的规定。

表 4.6.6-1　外观质量及尺寸偏差

项　目		单　位	指 标 要 求
外观质量		—	表面允许有凹凸不平状出现
厚度偏差	厚度≤50	mm	±5
	50<厚度≤100		±8
	厚度>100		±10
平整度偏差	厚度≤50		±5
	50<厚度≤100		±8
	厚度>100		±10

(2) 外保温墙面允许偏差和检验方法应符合表 4.6.6-2 的规定。

表 4.6.6-2　允许偏差和检验方法（单位：mm）

项　目	允许偏差	检 验 方 法
表面平整	4	用 2m 靠尺和塞尺检查
立面垂直	4	用 2m 垂直检测尺检查
阴、阳角方正	4	用直角检测尺检查
分格缝（装饰线）直线度	3	拉 5m 线，不足 5m 拉通线，用钢直尺检查

(3) 面砖粘贴允许偏差和检验方法

面砖粘贴的允许偏差和检验方法应符合《外墙饰面砖工程施工及验收规范》JGJ 126－2000 的规定。

4.6.7 现场喷涂硬泡聚氨酯外墙外保温系统工程应用实例

4.6.7.1 工程概况

长岛澜桥工程位于北京市朝阳区崔各庄乡，由 52 栋 3 层全钢筋混凝土别墅组成，由九源设计公司设计，北京北辰房地产公司投资开发，大兴建总四建总承包。工程总建筑面积 156000m^2（分期建设），层高 3m，共 3 层，檐高 8.2m，本工程墙体保温面积 25000m^2，屋面保温面积 13000m^2，墙体大面为涂料饰面，首层部分粘贴面砖，工程保温技术采用北京振利高新技术公司研制开发“ZL 无溶剂聚氨酯外墙外保温技术”，围护结构（墙体、屋面）节能设计要求达到三步节能（65%）标准要求。

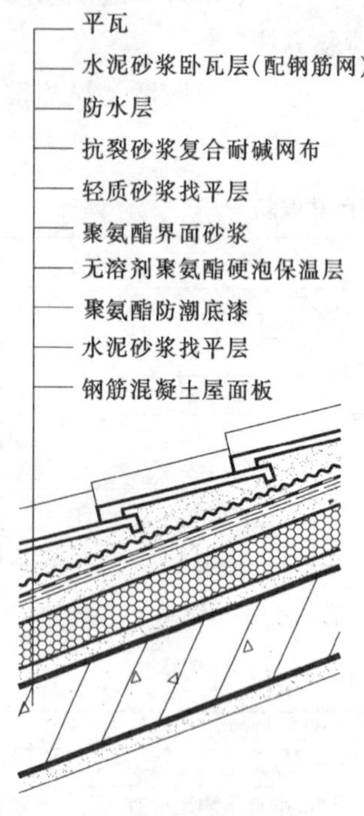

图 4.6.7-1 硬泡聚氨酯屋面保温构造

4.6.7.2 围护结构实现三步节能具体技术方案

根据三步节能围护结构传热系数限值，在北京地区，外墙平均传热系数不大于 0.60W/（m^2·K），屋顶平均传热系数不大于 0.60W/（m^2·K）。为达到节能 65% 的要求，经热工计算，本工程采用技术方案为：外墙为 25mm 厚硬泡聚氨酯 + 15mm 厚胶粉聚苯颗粒保温浆料，屋面为 50mm 厚硬泡聚氨酯 + 30mm 厚轻质找平砂浆（图 4.6.7-1）。

4.6.7.3 工程体会

在保温工程的施工中，为使墙体

能够尽量少的减少热流损失，减少和避免热桥，在热流的传递方向上，除考虑到温度沿墙体垂直方向的热流损失外，非垂直方向的热流损失也应作一定的考虑。因此，对局部突出墙体构件，相应地采取了一些保温措施，使整个建筑物围护结构处于一个较封闭的保温层中，从而有效地降低结构主墙体的热负荷，为围护结构更好地达到三步节能目标奠定很好的基础。

基于此，在该工程中，重点对以下部位做了保温处理：

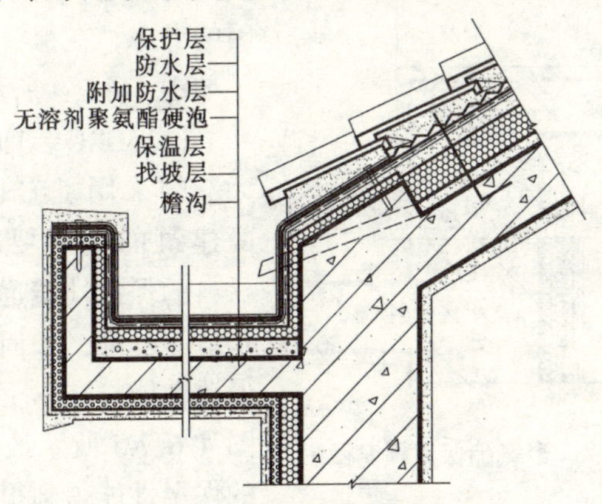

图 4.6.7-2　屋面檐沟保温构造

(1) 屋面檐沟：原设计中屋面檐沟由于其周围未做保温层，室内的热流通过墙体沿檐沟方向扩散，在采暖期，室内外温差越大，在此处造成的热流损耗就越大。因此在本工程中，对于此类构件的保温做法做了如图 4.6.7-2 所示的改动，同时也考虑到建筑物的美观要求，对保温层的厚度在不同部位作了不同的处理，有效地减少了热量在此处的流失，降低能耗。

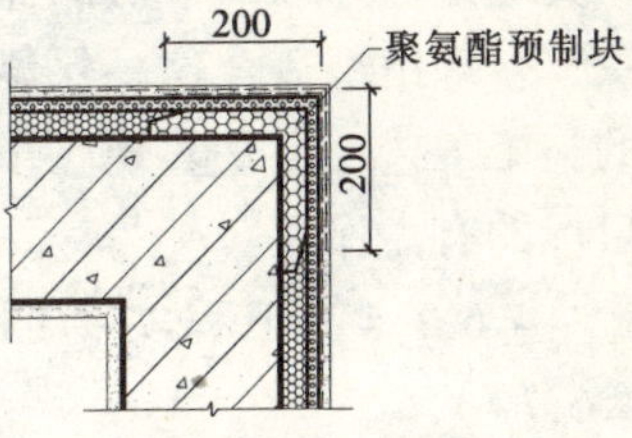

200
聚氨酯预制块
200

图 4.6.7-3　聚氨酯保温大角做法

(2) 墙体大角：墙体大角是本工程的重要部位，以往在喷涂大角过程中，对控制聚氨酯在此处的保温层厚度有一定难度，一旦当保温层厚度达到要求时，则材料消耗量

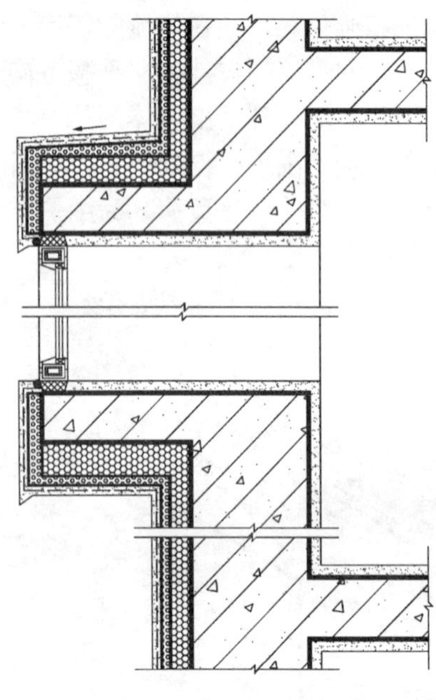

图 4.6.7-4　聚氨酯保温飘窗做法

太大，因此，在施工中采用粘贴聚氨酯预制块的办法，如图 4.6.7-3 所示，使大角处的保温质量得到有效保证。

（3）飘窗：飘窗处保温同屋面檐口一样存在着斜向热流损失的问题，基于以上相同原因的考虑，在保温做法上，做了如图 4.6.7-4 所示的改动。

（4）GRC 装饰线。本工程大量的采用了 GRC 构件来提高建筑的美学要求，但 GRC 材料的保温性能远不能达到三步节能标准，如何改善此处的保温性能，在本工程中做了如图 4.6.7-5 所示改动，使此处的保温性能得到很大的改善。

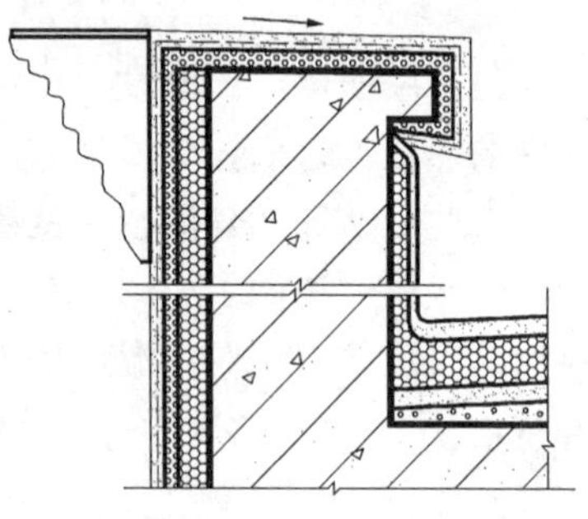

图 4.6.7-5　聚氨酯保温装饰线做法

通过本工程实践，我们认为，要实现围护结构三步节能目标，除通过改良保温材料的性能，选用好的建筑节能产品外，详细地考虑建筑物的构造现状，认真地处理好细部节点的保温做法，合理组织适合这一保温体系的施工工艺，也是实现三步节能目标的有力保证。

4.6.7.4　工程实物图（图 4.6.7-6）

图 4.6.7-6　现场喷涂硬泡聚氨酯外墙外保温工程

4.7　岩棉外墙外保温系统构造和技术要求

4.7.1　一般规定

（1）本系统适用于全国各地区需冬季保温、夏季隔热的多层及中高层新建民用建筑和工业建筑，也适用于既有建筑的节能改造工程。

（2）本系统适用于抗震设防烈度小于或等于 8 度的建筑物，适用于防火要求比较高的建筑物。

（3）本系统的基层墙体为混凝土空心砌块、灰砂砖、多孔砖、空心砖、实心砖、加气混凝土砌块等砌体结构外墙或全现浇钢筋混凝土外墙。

4.7.2 系统构造

岩棉外墙外保温系统由基层墙体、岩棉板保温层、找平层、抗裂防护层和饰面层组成（见图 4.7.2）。岩棉板保温层用塑料膨胀锚栓配合热镀锌电焊网锚固在基层墙体上，岩棉板外表面及热镀锌电焊网上均需喷涂喷砂界面剂，以提高岩棉板的防水性及热镀锌电焊网的防腐蚀性，同时也有利于将找平层材料与岩棉板牢固地粘结在一起。找平层采用胶粉聚苯颗粒保温浆料，起补充保温及找平双重作用，找平层厚度不应低于 20mm。饰面层采用弹性涂料。

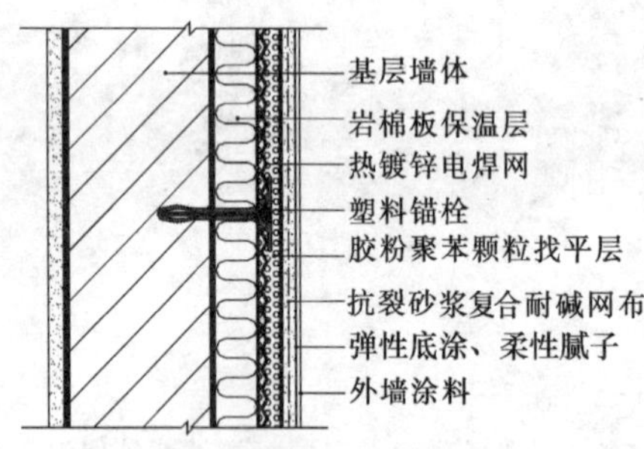

图 4.7.2　岩棉外墙外保温系统基本构造

4.7.3 设计要点

（1）本系统中岩棉板的厚度应符合国家和本地区现行的相关建筑节能设计标准的规定。

（2）热桥部位如门窗洞口、飘窗、女儿墙、挑檐、阳台、空调机搁板等部位应加强保温，不好用岩棉板进行保温的部位应抹胶粉聚苯颗粒保温浆料进行保温。

（3）岩棉板需用外侧的热镀锌电焊网通过锚固件与基层墙体有效连接。

（4）岩棉板要做好防潮措施，使用时应对岩棉各面进行界面处理，以提高岩棉板的表面强度和防潮性能，岩棉板上墙后不要长期暴露，应及时做好面层的防护。雨期及雨天均应做好防雨措施。

(5) 门窗侧壁、墙体底部、墙体转角处的岩棉板要用U形或L形热镀锌电焊网片包边，塑料膨胀锚栓也需要穿过包边网片及岩棉板与基层墙体稳固连接。

4.7.4 施工准备

4.7.4.1 系统及材料性能要求

(1) 岩棉外墙外保温系统性能指标应符合表4.7.4-1的要求。

表4.7.4-1 岩棉外墙外保温系统性能指标

试验项目		性能指标
耐候性		表面无裂纹、粉化、剥落现象，抗裂防护层与找平层的拉伸粘结强度不应小于0.1MPa，破坏界面应位于找平层
吸水量（浸水1h），g/m^2		≤1000
抗冲击强度/J	普通型（单网）	≥3J
	加强型（双网）	≥10J
抗风压值		不小于工程项目的风荷载设计值
耐冻融		表面无裂纹、空鼓、起泡、剥离现象，抗裂防护层与找平层的拉伸粘结强度不应小于0.1MPa，破坏界面应位于找平层
水蒸气湿流密度，$g/(m^2 \cdot h)$		≥0.85
不透水性		试样防护层内侧无水渗透
耐磨损，500L砂		无开裂，龟裂或表面保护层剥落、损伤
系统抗拉强度，MPa		≥0.1并且破坏部位不得位于各层界面
热阻		复合墙体热阻符合设计要求

(2) 岩棉板的性能指标应符合表4.7.4-2的要求。

表 4.7.4-2　岩棉板性能指标

项　目	单　位	指　标
密　度	kg/m^3	≥150
密度允许偏差	%	±10
纤维平均直径	μm	≤7
导热系数	W/（m·K）	≤0.045
蓄热系数	W/（m^2·K）	≥0.75
渣球含量（颗粒直径大于 0.25mm）	%	≤6.0
质量吸湿率	%	≤1.0
憎水率	%	≥98
热荷重收缩温度	℃	≥650
有机物含量	%	≤4.0
抗压强度（10%压缩量）	kPa	≥40
剥离强度	kPa	≥14
燃烧性能等级	—	A 级

（3）喷砂界面剂的性能指标应符合表 4.7.4-3 的要求。

表 4.7.4-3　喷砂界面剂性能指标

<table>
<tr><th colspan="3">项　目</th><th>指　标</th></tr>
<tr><td colspan="3">容器中状态</td><td>搅拌后无结块，呈均匀状态</td></tr>
<tr><td colspan="3">施工性</td><td>喷涂无困难</td></tr>
<tr><td colspan="3">低温贮存稳定性</td><td>3 次试验后，无结块、凝聚及组成物的变化</td></tr>
<tr><td colspan="3">耐水性</td><td>168h 无异常</td></tr>
<tr><td colspan="3">pH 值</td><td>9～11</td></tr>
<tr><td rowspan="6">拉伸粘结强度</td><td rowspan="2">与水泥砂浆</td><td>常温常态</td><td>≥0.5MPa</td></tr>
<tr><td>浸水后</td><td>≥0.3MPa</td></tr>
<tr><td rowspan="2">与岩棉板</td><td>常温常态</td><td>≥0.10MPa 或岩棉板破坏</td></tr>
<tr><td>浸水后</td><td>≥0.08MPa 或岩棉板破坏</td></tr>
<tr><td rowspan="2">与胶粉聚苯颗粒保温浆料</td><td>常温常态</td><td>≥0.10MPa 或胶粉聚苯颗粒保温浆料试块破坏</td></tr>
<tr><td>浸水后</td><td>≥0.08MPa 或胶粉聚苯颗粒保温浆料试块破坏</td></tr>
</table>

(4) 其他组成材料性能指标应符合《胶粉聚苯颗粒外墙外保温系统》JG 158－2004 中 5.3～5.10、5.13～5.14、5.16 的要求。

4.7.4.2　施工条件

(1) 基层墙体应符合《混凝土结构工程施工质量验收规范》(GB 50204－2002) 和《砌体工程施工质量验收规范》GB 50203－2002 的要求；

(2) 门窗框及墙身上各种进户管线、水落管支架、预埋管件等按设计安装完毕，并预留出外保温层的厚度；

(3) 施工中环境温度不应低于5℃，风力应不大于5级，风速不宜大于10m/s。严禁雨天施工，雨期施工时应采取防雨措施。

4.7.4.3　施工机具

外接电源设备、垂直运输机械、水平运输手推车、强制式砂浆搅拌机、电动搅拌器、称量衡器、电锤、喷枪、手提式切割机、手锯、水桶、滚刷、铁锹、手锤、剪刀、壁纸刀、钳子、经纬仪、放线工具、托线板、垂直检测尺、直角检测尺、靠尺、塞尺、探针、钢尺及常用抹灰工具、抹灰专用检测工具等。

4.7.4.4　材料配制

按照4.2胶粉聚苯颗粒保温浆料外墙外保温系统构造和技术要求中的材料配制要求进行。

4.7.5　施工

4.7.5.1　施工程序

岩棉外墙外保温系统施工程序见图 4.7.5。

4.7.5.2　施工操作要点

(1) 基层墙面处理

彻底清除基层墙体表面浮灰、油污、脱模剂、空鼓及风化物等影响墙面施工的物质。墙体表面凸起物大于或等于10mm时应剔除。

(2) 保温层施工准备

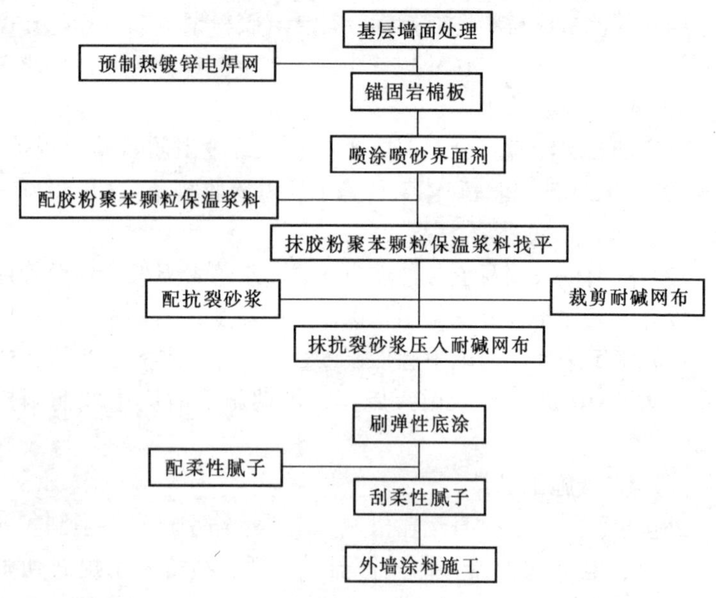

图 4.7.5　岩棉外墙外保温系统施工程序

1）吊垂直，弹出岩棉板定位线。在建筑外墙大角（阳角、阴角）及其他必要处挂垂直基准钢线，每个楼层适当位置挂水平线，以控制岩棉板的垂直度和平整度。

2）根据岩棉板的厚度，预制 U 形和 L 形热镀锌电焊网片。

（3）保温层施工

1）根据岩棉板定位线安装岩棉板，岩棉板要错缝拼接，可用普通水泥砂浆将岩棉板预固定在基层墙体上。

2）在岩棉板上垂直墙面用电锤钻孔，钻孔深度不得小于锚固深度，每平方米墙面至少要钻 4 个锚固孔，锚固孔从距离墙角、门窗侧壁 100 ~ 150mm 以及从檐口与窗台下方 150mm 处开始设置。沿窗户四周，每边至少应钻 3 个锚固孔。

3）在岩棉板上铺设热镀锌电焊网，用塑料锚栓根据锚固孔的位置锚固岩棉板及热镀锌电焊网。门窗侧壁及墙体底部要用预制的 U 形热镀锌电焊网片包边，墙体转大角处用 L 形热镀锌电焊网包边，这些包边网片要随同岩棉板一起被锚固件穿过，并用手压紧，以便定位。热镀锌电焊网采用单孔搭接，搭接处每米至少应用塑料锚栓锚固3处。

4）岩棉板固定好后，按每平方米至少4个的密度在热镀锌电焊网下安装塑料垫片，将热镀锌电焊网垫起5mm，以保证岩棉板与热镀锌电焊网能存在一定的距离，以有利于找平层的施工。

5）采用专用喷枪将喷砂界面剂均匀喷到岩棉板表面，确保岩棉板表面及热镀锌电焊网上均喷上了喷砂界面剂，以增强岩棉板表面强度及防水性能和热镀锌电焊网的防腐性能。

（4）找平层施工

1）吊胶粉聚苯颗粒找平层垂直控制线、套方作口，按设计厚度用胶粉聚苯颗粒做标准厚度贴饼、冲筋。

2）抹胶粉聚苯颗粒进行找平。应分两遍施工，每遍间隔在24h以上。抹头遍胶粉聚苯颗粒时应压实，厚度不宜超过10mm。抹第二遍胶粉聚苯颗粒时应达到冲筋厚度，用大杠搓平，用抹子局部修补平整；30min后，用抹子再赶抹墙面，用托线尺检测后达到验收标准。

3）找平层固化干燥后（用手掌按不动表面为宜，一般为3~7d）方可进行抗裂防护层施工。

（5）抗裂防护层及饰面层施工

1）抹抗裂砂浆压入耐碱网布

将3~4mm厚抗裂砂浆均匀地抹在保温层表面，立即将裁好的耐碱网格布用抹子压入抗裂砂浆内，网格布之间的搭接不应小于50mm，并不得使网格布皱褶、空鼓、翘边。

首层应铺贴双层耐碱网布，第一层铺贴加强耐碱网布，加强耐碱网布应对接，然后进行第二层普通耐碱网布的铺贴，两层耐碱网布之间抗裂砂浆必须饱满。

在首层墙面阳角处设2m高的专用金属护角，护角应夹在两层耐碱网布之间。其余楼层阳角处两侧耐碱网布双向绕角相互搭接，各侧搭接宽度不小于200mm。

门窗洞口四角应预先沿45°方向增贴300mm×400mm的附加耐碱网布。

2）刷弹性底涂

在抗裂砂浆施工2h后刷弹性底涂，使其表面形成防水透汽层。涂刷应均匀，不得漏涂，以渗入抗裂砂浆层内不形成可剥离的弹性膜为宜。

3）刮柔性腻子

在抗裂砂浆层基本干燥后刮柔性腻子，一般刮两遍，使其表面平整光洁。

4）外饰面施工

浮雕涂料可直接在弹性底涂上进行喷涂，其他涂料在腻子层干燥后进行刷涂或喷涂。

4.7.6 质量要求

4.7.6.1 主控项目

(1) 采用材料品种、质量、性能应符合有关国家标准、行业标准及本导则的规定。

(2) 保温层厚度及构造做法应符合建筑节能设计要求。

(3) 保温层与墙体以及各构造层之间必须粘结牢固，无脱层、空鼓、裂缝，面层无粉化、起皮、爆灰等现象。

4.7.6.2 一般项目

(1) 表面平整洁净，接茬平整，线角顺直、清晰，无明显抹纹。

(2) 护角符合施工规定，表面光滑、平顺、门窗框与墙体间缝隙填塞密实，表面平整。

(3) 耐碱网格布铺压严实，不得有空鼓、褶皱、翘曲、外露等现象，搭接长度必须符合规定要求。加强部位的耐碱网格布做法应符合设计要求。

(4) 孔洞、槽、盒位置和尺寸正确、表面整齐、洁净，管道后面平整。

(5) 有排水要求的部位应做滴水线（槽）。滴水线（槽）应顺直，流水坡向应正确，坡度应符合设计要求。

(6) 胶粉聚苯颗粒找平层要求粘结牢固，不得有起鼓现象。

4.7.6.3 外保温墙面的允许偏差和检验方法

外保温墙面允许偏差和检验方法应符合表4.7.6规定。

表4.7.6 外保温墙面允许偏差和检验方法

项 目	允许偏差（mm）	检 验 方 法
表面平整	4	用2m靠尺和塞尺检查
立面垂直	4	用2m垂直检测尺检查
阴、阳角方正	4	用直角检测尺检查
分格缝（装饰线）直线度	4	拉5m线，不足5m拉通线，用钢直尺检查
岩棉板保温层厚度	负偏差不大于5	用探针、钢尺检查

4.7.7 岩棉外墙外保温系统工程应用实例

4.7.7.1 工程概况

(1) 地理位置：天津华琛综合办公楼工程，位于天津市武清区杨村镇武清开发区内。

(2) 气象资料

天津市属于典型的寒冷地区气候，天津地区冬季最冷月平均温度-4.0℃，全年小于等于5℃的天数为119天；夏季最热月平均温度为26.5℃，冬寒夏热。

天津市各区县的气象资料数据见表4.7.7。

表4.7.7 天津地区气象资料（2002年）

地 区	最高气温（℃）	最低气温（℃）	全年平均气温（℃）	平均相对湿度（%）	日照时数（h/年）	降水量（mm）
市内六区	41.0	-9.7	14.2	61	—	340.1
塘沽区	39.8	-11.4	13.4	58	2334	294.2
汉沽区	39.7	-13.8	12.6	63	2786	313.2

续表 4.7.7

地　区	最高气温（℃）	最低气温（℃）	全年平均气温（℃）	平均相对湿度（%）	日照时数（h/年）	降水量（mm）
大港区	41.0	－12.4	13.4	60	2637	405.4
东丽区	40.5	－10.9	13.3	59	2560	297.0
西青区	39.2	－11.6	13.3	64	2129	383.1
津南区	40.4	－11.1	13.4	58	2289	298.3
北辰区	40.0	－12.3	13.0	62	2399	347.0
武清区	40.0	－11.0	13.1	59	2304	374.7
宝坻区	40.0	－13.2	12.5	59	2433	363.3
宁河县	40.0	－13.2	12.7	64	2555	310.8
静海县	40.3	－13.5	13.4	57	2402	454.0
蓟　县	40.7	－12.8	13.3	55	2203	323.4

(3) 面积

天津华琛综合办公楼工程总建筑面积 3400m^2，其中外墙外保温面积 1700m^2，总层数为 3 层，采用框架填充墙的结构形式，外墙用 300mm 厚的加气混凝土陶粒砌块填充，体形系数小于 0.3，窗墙面积比为 0.4。

(4) 开工竣工时间

本工程于 2003 年 5 月开工，竣工为 2003 年 12 月。

4.7.7.2　工程采用的外墙外保温技术系统

天津地区建筑节能标准对外墙保温隔热性能的要求为平均传热系数不大于 1.16W/（m^2·K）（节能 50%），本工程外墙节能设计指标为 $K \leqslant 0.7$W/（m^2·K），完全满足标准的要求。

本工程采用的是岩棉外墙外保温系统。

本工程为三层混凝土框架结构。钢筋混凝土框架柱为 500mm×500mm，缩进外墙面 30mm，横梁为 700mm×270mm，缩进外墙面 30mm，填充材料为 300mm 厚的加气混凝土陶粒砌块。外墙外保温设计为“45mm 岩棉板＋20mmZL 胶粉聚苯颗粒保温浆料＋5mm 抗裂砂浆复合耐碱网布”。

从施工过程来看，以前采用钢钩型锚固件施工，不仅容易破坏岩棉板，而且由于岩棉纤维容易扎人，从而给施工带来麻烦；

同时，钢钩型锚固件的销杆也比较难抽出和安装固定，这也给施工带来难度。后来采用先预固定岩棉板，后钻孔安装塑料膨胀锚栓的方法锚固岩棉板，不仅使岩棉板少受破坏，而且也降低了施工难度。就该工程的应用情况而言，其技术经济效益显著，主要表现在以下5个方面：

(1) 施工速度快，工期短。采用岩棉板锚固施工技术，减少了湿抹灰量，从而缩短了干燥养护时间，进而缩短了工期。另外，采用岩棉板锚固施工，也比抹保温浆料施工速度快。

(2) 采用复合保温技术，保温效果好。

(3) 主要的保温材料为无机的绿色建材，防火等级高，对保护建筑结构起到了十分重要的作用。

(4) 选用优质的摆锤法岩棉进行保温施工，对人体不会产生伤害，对环境也不会造成污染。

(5) 对岩棉板固定后再采取一次界面处理，不仅增强岩棉板的防水功能和表面强度，还有利于岩棉板表面的抹灰找平施工。

4.7.7.3　工程实物图（图4.7.7）

图4.7.7　岩棉外墙外保温系统工程应用实例

4.8 胶粉聚苯颗粒贴砌聚苯板外墙外保温系统构造和技术要求

4.8.1 一般规定

(1) 本系统适用于全国各地区需冬季保温、夏季隔热的多层及中高层新建民用建筑和工业建筑，也适用于既有建筑的节能改造工程。建筑高度可不受限制。

(2) 本系统适用于抗震设防烈度小于或等于8度的建筑物。

(3) 本系统的基层墙体为混凝土空心砌块、灰砂砖、多孔砖、空心砖、实心砖、加气混凝土砌块等砌体结构外墙或全现浇钢筋混凝土外墙。

4.8.2 系统构造

胶粉聚苯颗粒贴砌聚苯板外墙外保温系统由于聚苯板内粘贴层、外找平层和板缝填充层均为胶粉聚苯颗粒粘结保温浆料（简称粘结保温浆料），故该做法也称为“三明治”做法。

根据饰面层做法的不同，“三明治做法”可分为涂料饰面系统及面砖饰面系统两种。基本构造为：保温粘结层由15mm厚粘结保温浆料抹于墙体表面，再贴砌开好横向槽并涂刷界面剂的聚苯板，预留的10mm板缝砌筑碰头灰挤出刮平，表面再用10mm厚粘结保温浆料找平，形成粘结保温浆料+聚苯板+粘结保温浆料无空腔复合保温层；抗裂防护层采用抗裂砂浆复合涂塑耐碱玻纤网格布（涂料饰面）或抗裂砂浆复合热镀锌钢丝网尼龙胀栓锚固（面砖饰面）构成抗裂防护层，表面刮涂抗裂柔性耐水腻子、涂刷饰面涂料或面砖粘结砂浆粘贴面砖构成饰面层，其体系构造如图4.8.2。

该系统采用胶粉聚苯颗粒粘结保温浆料作为聚苯板与基层墙体的胶粘剂和聚苯板外的找平材料，通过界面砂浆使各层牢固的粘结形成复合保温层。该做法充分发挥了聚苯板优良的保温性能

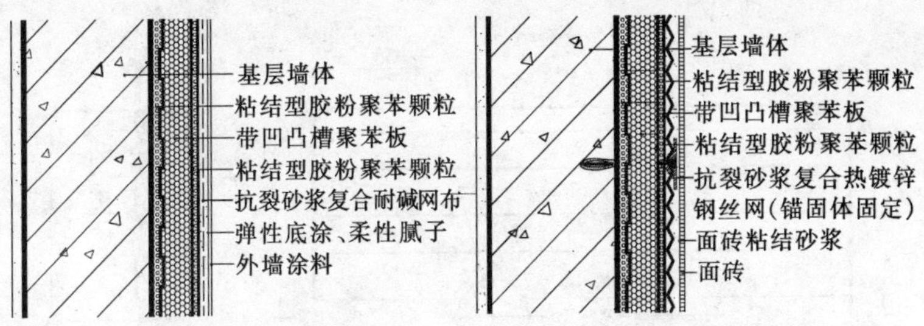

图 4.8.2　胶粉聚苯颗粒贴砌聚苯板外墙外保温系统基本构造

和胶粉聚苯颗粒保温系统优良的抗裂防火等综合性能，不仅能满足节能 50%的要求而且可满足节能 65%对外墙保温的要求。该做法保温层与结构层之间无空腔，各构造层采用性能指标合理的逐层渐变材料，对抗震、抗风压和抗温度变形有利。

4.8.3　设计要求

(1) 本系统中聚苯板的厚度应符合国家和本地区现行的相关建筑节能设计标准的规定。

(2) 热桥部位如门窗洞口、飘窗、女儿墙、挑檐、阳台、空调机搁板等部位应加强保温，不好用聚苯板进行保温的部位应抹胶粉聚苯颗粒保温浆料进行保温。

(3) 膨胀聚苯板应预先开出梯形槽，每块板上还应开出两个用于透汽及粘贴加强用的塞孔（塞孔可为圆柱形、方柱形或纵截面为凸字形），膨胀聚苯板双面均应喷刷界面砂浆。其外形及尺寸要求应符合图 4.8.3-1 的规定。

(4) 挤塑聚苯板每块板应预先开出两个用于透汽及粘贴加强用的塞孔（塞孔可为圆柱形、方柱形或纵截面为凸字形），挤塑聚苯板双面均应喷刷界面砂浆。其外形及尺寸要求应符合图 4.8.3-2 的规定。

(5) 聚苯板之间应留有 10mm 宽的板缝以便透汽，并有利于粘贴时不会在板四周形成空鼓。板缝及塞孔均用胶粉聚苯颗粒粘结保温浆料填实。

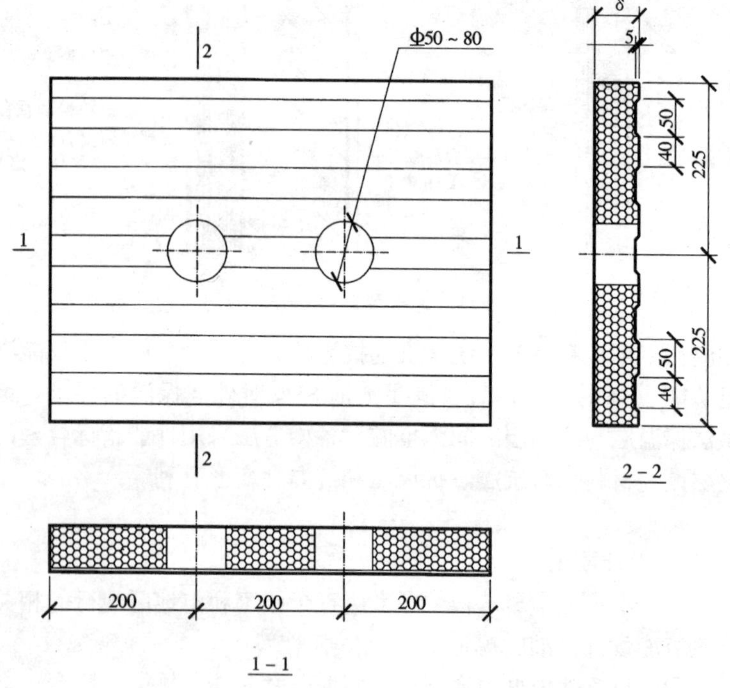

图 4.8.3-1　贴砌聚苯板系统膨胀聚苯板外形及尺寸要求

（6）建筑高度不太高（60m 以下）、耐候性要求不太高或防火要求不太高且聚苯板粘贴的平整度比较高时，聚苯板面层的胶粉聚苯颗粒粘结保温浆料找平层可省去，直接在聚苯板面层进行抗裂防护层及饰面层施工。

（7）面砖饰面时，需有加强措施。抗裂防护层中应加入热镀锌电焊网，并用塑料膨胀锚栓、预埋锚筋等与基层墙体有效连接。

4.8.4　施工准备

4.8.4.1　系统及材料性能要求

（1）胶粉聚苯颗粒贴砌聚苯板外墙外保温系统性能指标应符

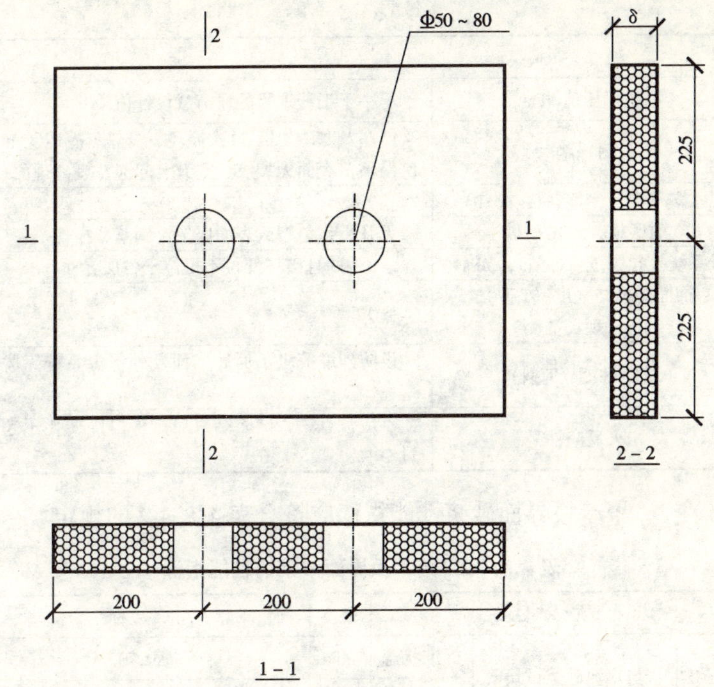

图 4.8.3-2 贴砌聚苯板系统挤塑聚苯板外形及尺寸要求

合表 4.8.4-1 的规定。

表 4.8.4-1 胶粉聚苯颗粒贴砌聚苯板外墙外保温系统性能指标

<table>
<tr><th colspan="2">项 目</th><th colspan="2">指 标</th></tr>
<tr><td colspan="2">耐候性</td><td colspan="2">经 80 次高温（70℃）→淋水（15℃）循环和 20 次加热（50℃）→冷冻（－20℃）循环后不得出现开裂、空鼓或脱落。抗裂防护层与保温层的拉伸粘结强度不应小于 0.1MPa，破坏界面应位于保温层内</td></tr>
<tr><td colspan="2">吸水量，g/m²（浸水 1h）</td><td colspan="2">≤1000</td></tr>
<tr><td rowspan="3">抗冲击强度</td><td rowspan="2">C 型</td><td>普通型（单网）</td><td>3J 冲击合格</td></tr>
<tr><td>加强型（双网）</td><td>10J 冲击合格</td></tr>
<tr><td>T 型</td><td colspan="2">3J 冲击合格</td></tr>
</table>

续表 4.8.4-1

项　　目	指　　标
抗风压值 kPa	不小于工程项目的风荷载设计值
耐冻融	严寒及寒冷地区 30 次循环、夏热冬冷地区 10 次循环，表面无裂纹、空鼓、起泡、剥离现象
水蒸气湿流密度，($g/m^2 \cdot h$)	≥0.85
耐磨损，500L 的砂	无开裂，龟裂或表面保护层剥落、损伤
系统抗拉强度（C 型），MPa	≥0.1 并且破坏部位不得位于各层界面
饰面砖粘结强度（T 型），MPa（现场抽测）	≥0.4
抗震性能（T 型）	设防烈度等级下面砖饰面及外保温系统无脱落
火反应性	不应被点燃，试验结束后试件厚度变化不超过 10%

(2) 聚苯板界面砂浆性能指标应符合表 4.8.4-2 的规定。

表 4.8.4-2　聚苯板界面砂浆的性能指标

<table>
<tr><th colspan="3">项　　目</th><th>单位</th><th>指　　标</th></tr>
<tr><td rowspan="5">拉伸粘结强度</td><td rowspan="2">与水泥砂浆试块</td><td>标准状态</td><td>MPa</td><td>≥0.70</td></tr>
<tr><td>浸水后</td><td>MPa</td><td>≥0.50</td></tr>
<tr><td rowspan="2">与聚苯板试块</td><td>标准状态</td><td>MPa</td><td rowspan="2">≥0.10 且聚苯板破坏时涂刷界面完好</td></tr>
<tr><td>浸水后</td><td>MPa</td></tr>
<tr><td>与粘结保温浆料试块</td><td>标准状态</td><td>MPa</td><td>≥0.10 且保温试块破坏时涂刷界面完好</td></tr>
</table>

(3) 膨胀聚苯板为阻燃型的，膨胀聚苯板应预先开槽开孔，槽面涂刷好界面砂浆。膨胀聚苯板性能指标应符合表 4.8.4-3 的规定，其外形及尺寸要求应符合图 4.8.2 的规定。

表 4.8.4-3　膨胀聚苯板主要性能指标

项　　目	单　　位	指　　标
表观密度	kg/m^3	18.0~22.0
压缩强度（在 10%变形下的压缩应力）	MPa	≥0.1
导热系数	W/（m·K）	≤0.041

续表 4.8.4-3

项　目	单　位	指　标
70℃、48h 后尺寸变化率	%	≤3
水蒸气透湿系数	ng/（Pa·m·s）	≤4.5
吸水率	%（V/V）	≤4
断裂弯曲负荷	N	≥25
弯曲变形	mm	≥20
氧指数	%	≥30

(4) 挤塑聚苯板为阻燃型的，应预先开孔，双面均应喷刷界面砂浆。挤塑聚苯板性能应符合表 4.8.4-4 的规定，其外形及尺寸要求应符合图 4.8.3-2 的规定。

表 4.8.4-4　挤塑聚苯板性能指标

项　目	单　位	指　标
表观密度	kg/m^3	28～32
导热系数	W/（m·K）	≤0.03
抗拉强度	MPa	≥0.25
尺寸稳定性（70℃，48h）	%	0.2

(5) 胶粉聚苯颗粒粘结保温浆料性能应符合表 4.8.4-5 的规定。

表 4.8.4-5　粘结保温浆料性能指标

项　目		单　位	指　标
湿表观密度		kg/m^3	≤520
干表观密度		kg/m^3	≤300
导热系数		W/（m·K）	≤0.07
抗压强度（56d）		MPa	≥0.3
燃烧性能		—	难燃 B1 级
拉伸粘结强度（与带界面砂浆的水泥砂浆试块）	常温常态（56d）	MPa	≥0.12
拉伸粘结强度（与带界面砂浆的聚苯板）	常温常态（56d）	MPa	≥0.10 或聚苯板破坏

(6) 抗裂防护层、饰面层材料和其他辅助材料性能应符合JG 158－2004的要求。

4.8.4.2　施工条件

(1) 基层墙体应符合《混凝土结构工程施工质量验收规范》GB 50204－2002和《砌体工程施工质量验收规范》GB 50203－2002的要求。对于砌块工程，基层表面应抹水泥砂浆找平后方可进行施工。

(2) 墙面应清理干净，清洗油渍，施工孔洞、架眼以及阳台板、墙板残缺处应用水泥砂浆修补整齐、清扫浮灰等；旧墙面松动、风化部分应剔除干净。

(3) 外墙面上的雨水管卡、预埋铁件、设备穿墙管道等应提前安装完毕，并预留出外保温层的厚度。

(4) 施工用吊篮或专用外脚手架搭设牢固，安全检验合格后方可上人施工。脚手架横竖杆距离墙面、墙角适度，脚手板铺设与外墙分格相适应。施工时应有防止工具、用具、材料坠落的措施。

(5) 作业时环境温度不应低于5℃，风力不应大于5级，风速不宜大于10m/s。严禁雨天施工。雨期施工时应做好防雨措施。

4.8.4.3　工具与机具

电动吊篮或专用保温施工脚手架、强制式砂浆搅拌机、垂直运输机械、水平运输手推车、手提式搅拌器、电锤、钳子、手锤、常用的抹灰工具及抹灰的专用检测工具、经纬仪及放线工具、水桶、剪子、滚刷、铁锹、扫帚、壁纸刀、托线板、方尺、靠尺、塞尺、探针、钢尺等。

4.8.4.4　材料配制

(1) 界面砂浆的配制

界面剂:中细砂:水泥按1:1:1的质量比，用砂浆搅拌机或手提搅拌器搅拌。先加入1份界面剂与1份中细砂搅拌均匀后再加入水泥搅拌均匀。

(2) 聚苯板涂刷界面砂浆的配制

界面剂:中细砂:水泥按 1:1:1 的质量比，用砂浆搅拌机或手提搅拌器搅拌。先加入 1 份界面剂与 1 份中细砂搅拌均匀后再加入水泥搅拌均匀。

(3) 胶粉聚苯颗粒粘结保温浆料的配制

采用 300L 以上的砂浆搅拌机或满足浆料在搅拌机中的容积不超过搅拌机容积 70% 的搅拌机。先将 36 ~ 38kg 水倒入搅拌机内（加入的水量以满足施工和易性为准），倒入一袋（35kg）胶粉料，搅拌 5min，再倒入一袋（200L）聚苯颗粒复合轻骨料继续搅拌，直至均匀。该浆料应随搅随用，且在 4h 内用完。

4.8.5 施工

4.8.5.1 施工工艺流程（图 4.8.5-1）

4.8.5.2 施工要点

(1) 基层处理

墙面应清理干净、清洗油渍、清扫浮灰等。墙面松动、风化部分应剔除干净。墙表面凸起物大于或等于 10mm 时应剔除。

(2) 界面处理

对要求做界面处理的基层应满涂基层界面砂浆，用滚刷或喷枪将界面砂浆均匀涂刷，拉毛不宜太厚，保证所有墙面做到毛面处理。

(3) 吊垂直、套方、弹控制线

根据建筑要求，在墙面弹出外门窗水平、垂直控制线及伸缩线、装饰线等。在建筑外墙大角及其他必要处挂垂直基准钢线和水平线。

(4) 贴砌聚苯板

在墙角或门窗碛口处贴标准厚度板，拉水平控制线，抹约 15mm 厚的底层粘结保温浆料后随即粘贴预制好的聚苯板，凹槽向墙，粘贴聚苯板时应均匀轻柔挤压聚苯板，使聚苯板埋入浆料，随时用 2m 靠尺和托线板检查平整度和垂直度。聚苯板间应

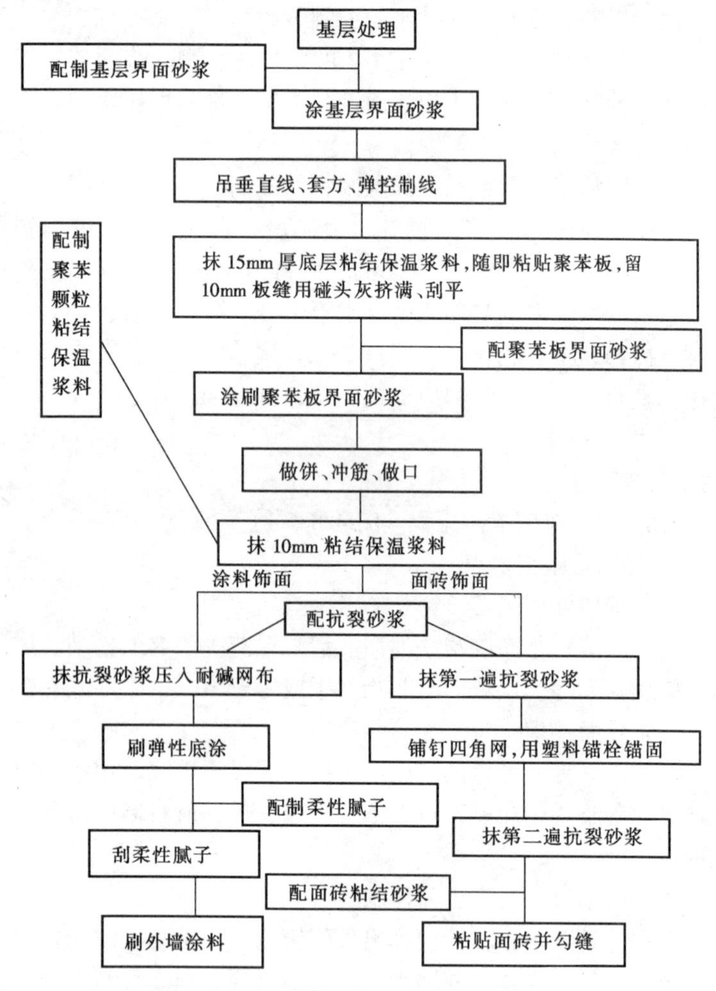

图 4.8.5-1 施工工艺流程

用浆料砌筑约 10mm 的板缝，注意灰缝不饱满处用粘结保温浆料勾平。

排板时应按水平顺序排列，上下错缝粘贴，阴阳角处应做错茬处理，窗口处聚苯板裁成刀把形，如图 4.8.5-2、图 4.8.5-3。

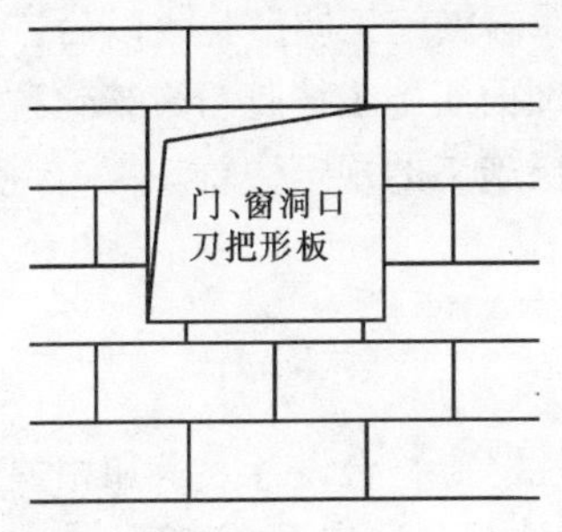

图 4.8.5-2 保温板排板示意图

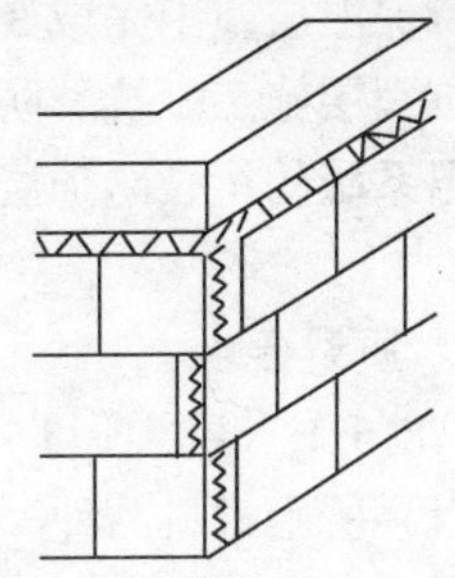

图 4.8.5-3 大角排板图

（5）涂刷聚苯板界面砂浆

聚苯板贴砌 24h 后满涂聚苯板界面砂浆，用滚刷或喷枪均匀涂刷，拉毛不宜太厚，但必须保证所有外露的聚苯板面都做到毛面处理。

（6）做饼、冲筋、作口

套方作口，按厚度线用粘结保温浆料或聚苯板做标准厚度灰饼。

（7）抹面层 10mm 厚粘结保温浆料

聚苯板界面砂浆涂刷完成 24h 后，用粘结保温浆料在聚苯板上罩面找平；聚苯板间若有预留间隔带应采用粘结保温浆料填塞；混凝土梁柱、门窗洞口、墙体边角处等特殊部位以及防火隔离带部位的保温作业均用粘结保温浆料进行处理。在粘结保温浆料和抗裂砂浆配制时，搅拌需设专人专职进行，以保证配合比的准确。

（8）划分格线、门、窗口滴水槽（按设计要求）

在保温层施工完成后，根据设计要求弹出滴水槽控制线，用壁纸刀沿线划开设定的凹槽，槽深 15mm 左右，用抗裂砂浆填满凹槽，将塑料滴水槽（成品）嵌入凹槽与抗裂砂浆粘结牢固，收去两侧沿口浮浆，滴水槽应镶嵌牢固、水平。

（9）抗裂防护层及饰面层施工

待保温层施工完成 3～7d 且保温层施工质量验收以后，即可进行抗裂层施工。抗裂防护层和饰面层施工按胶粉聚苯颗粒外墙外保温系统的抗裂防护层和饰面层施工的规定进行。

4.8.6 质量要求

4.8.6.1 主控项目

（1）所用材料品种、质量、性能应符合设计要求和相关标准的规定（附有 CMA 标志的材料检测报告和出厂合格证）。

（2）保温层厚度及构造做法应符合节能设计要求，保温层平均厚度不允许出现负偏差。

（3）保温层与墙体以及各构造层之间必须粘结牢固，无脱层、起鼓及裂缝，面层无粉化、起皮、爆灰。

（4）面砖饰面时，面砖的品种、规格、颜色、性能应符合设计要求。面砖粘贴应无空鼓、裂缝。面砖粘贴必须牢固，粘贴面砖勾缝完工 2 个月后做拉拔试验，粘结强度应符合《建筑工程饰面砖粘结强度检验标准》JGJ 110－1997 标准要求。

4.8.6.2 一般项目

（1）表面平整、洁净，接茬平整、线角顺直、清晰，毛面纹路均匀一致。

（2）护角符合施工规定，表面光滑、平顺、门窗框与墙体间缝隙填塞密实，表面平整。

（3）墙面所有孔洞、槽、盒位置和尺寸正确，表面整齐、洁净，管道后面抹灰平整。

（4）聚苯板界面砂浆要求涂刷均匀，不得有漏底现象。

（5）粘贴聚苯板的浆料饱满度应达到 95% 以上。对粘结保温浆料粘结聚苯板试件进行拉拔试验时，破坏界面应位于聚苯板。

（6）面砖表面应平整、洁净，勾缝材料色泽一致，无裂痕和缺损。阴阳角处搭接方式、非整砖使用部位应符合设计要求。墙面突出物周围的面砖应套割吻合，边缘应整齐。墙裙、贴脸突出墙面的厚度一致。面砖接缝应平整、光滑，填嵌应连续、密实；宽度和深度应符合设计要求。

4.8.6.3 外保温墙面允许偏差及检验方法

(1) 外保温墙面允许偏差和检验方法应符合表4.8.6的规定。

表4.8.6 允许偏差和检验方法（单位：mm）

项目	允许偏差	检验方法
表面平整	4	用2m靠尺和塞尺检查
立面垂直	4	用2m垂直检测尺检查
阴、阳角方正	4	用直角检测尺检查
分格缝（装饰线）直线度	3	拉5m线，不足5m拉通线，用钢直尺检查

(2) 面砖粘贴的允许偏差和检验方法应符合《外墙饰面砖工程施工及验收规范》JGJ 126－2000的规定。

4.8.7 胶粉聚苯颗粒贴砌聚苯板外墙外保温工程实例

(1) 工程概况

新疆石河子天业东苑群岛花园工程位于新疆维吾尔自治区石河子经济技术开发区，该工程建筑面积70000m^2，外墙保温面积38000m^2，结构形式为砖混结构的多层建筑，主要用途是民用住宅，节能要求达到50%。

该工程外墙保温技术采用北京振利高新技术公司的胶粉聚苯颗粒贴砌膨胀聚苯板外墙外保温技术，外墙保温采用胶粉聚苯颗粒粘结保温浆料作为聚苯板与基层墙体的胶粘剂和聚苯板外的找平材料，形成复合保温层；聚苯板双面涂刷专用界面砂浆，保证了复合材料粘结的牢固性；保温层外采用聚合物砂浆铺贴耐碱玻纤网格布作为抗裂防护层，有效解决了体系的开裂问题，并增加了体系的抗冲击能力；饰面层腻子采用抗裂柔性耐水腻子，提高了体系的抗开裂性；面层涂刷饰面涂料。

该工程竣工后顺利通过验收，工程质量符合要求。2004年1

月新疆建材非金属产品质量监督检验站对该工程进行了节能检测，检测结果符合国家节能标准的设计要求。

（2）外墙保温节能具体技术方案

对于新疆石河子地区，要达到节能50%的标准要求，需要外墙平均传热系数不大于0.56W/（m^2·K）。经热工计算，采用"ZL胶粉聚苯颗粒贴砌膨胀聚苯板外墙外保温"做法时，胶粉聚苯颗粒粘结保温浆料厚度为15mm，聚苯板厚度为70mm，找平用胶粉聚苯颗粒粘结保温浆料厚度为10mm时，可满足节能50%的标准要求。因此外墙的基本构造为：240mm厚黏土实心砖+15mm厚胶粉聚苯颗粒粘结保温浆料粘结层+70mm厚聚苯板+10mm厚胶粉聚苯颗粒粘结保温浆料找平层+5mm厚聚合物抗裂砂浆。

（3）工程小结

该技术在新疆应用的过程中，得到了合作单位石河子东苑置业有限公司的大力支持，该技术的施工工艺、构造节点设计等在应用的过程中得到了进一步的丰富和发展，为工程的顺利完成奠定了良好的基础。该工程质量稳定，无开裂无脱落，节能检测符

图4.8.7　胶粉聚苯颗粒贴砌聚苯板外墙外保温工程

合标准和设计要求，一次通过验收。通过该技术在新疆地区的成功应用，验证了该技术良好的抗风压性能、保温性能、防火性能、耐候性能以及抗裂性能，是适合严寒和寒冷地区的新型外墙保温技术。

(4) 工程实物图（图 4.8.7）

4.9 挤塑聚苯板薄抹灰外墙外保温系统

4.9.1 基本规定

(1) 本系统是以挤塑聚苯乙烯泡沫板为保温材料，为确保安全，采用粘钉结合的方式将挤塑板粘贴在墙上，并辅以尼龙胀栓固定在墙体的外表面。外表面聚合物砂浆做保护层，以耐碱玻纤网格布为增强层，外饰面为涂料、彩色砂浆的外墙外保温系统。

(2) 为保证保温工程的质量，减少材料的浪费，本系统要求对不平整的墙面做找平层。如墙面平整度、垂直度检验合格符合国家中级抹灰验收标准时可不做找平层。

(3) 保温层采用墙体专用挤塑泡沫板。其厚度应根据国家对不同地区现行标准和计算方法经计算确定。其安装应采用专用胶粘剂并辅助专用保温钉机械固定。

(4) 防护面层为干混聚合物砂浆，以耐碱玻纤网格布增强。

(5) 基层可适用于各类墙体，如：普通和多孔砖墙、各类砌块墙和混凝土墙等新建或既有建筑改造的外墙外保温工程。

(6) 结构的安全性、耐久性、抗冲击性和墙体固定的可靠性是建筑物的基本要求。本系统采用了专用挤塑聚泡沫板，加上专用胶粘剂和锚固件以及耐候性和抗裂性强的聚合物砂浆，以确保结构的安全性和系统的耐久性。

4.9.2 性能要求

(1) 因外墙外保温系统直接暴露在大气中，因此本系统根据行业标准《外墙外保温工程技术规程》JGJ 144－2004 和 J 408－

2005的要求进行了系统的耐候性试验，各项指标符合行业标准的要求。

（2）挤塑泡沫板外墙外保温系统的各项性能要求如下：

1）外墙专用挤塑板

外墙专用挤塑板采用专门用于墙体的保温板，这种板材具有导热系数低、吸水率小和强度高等特点，其性能指标见表4.9.2-1。

表4.9.2-1 挤塑聚苯板的主要性能指标

试验项目	企业标准
导热系数，W/（m·K），25℃，生产以后90d	≤0.0289
表观密度，kg/m³	25～32
压缩强度，kPa	150～250
垂直与板面方向的抗拉强度，kPa	≥250
吸水率，浸水96h，%（V/V）	≤1.5
尺寸稳定性，(70±2)℃下，48h，%	≤2.0

在长期高湿度或浸水环境下，挤塑聚苯板仍能保持其优良的保温隔热性能。图4.9.2所示即要求挤塑板在70%相对湿度下，两年中热阻的变化仍保持80%以上。

外墙专用挤塑聚苯板的泡孔尺寸为0.2～0.4mm，闭孔结构

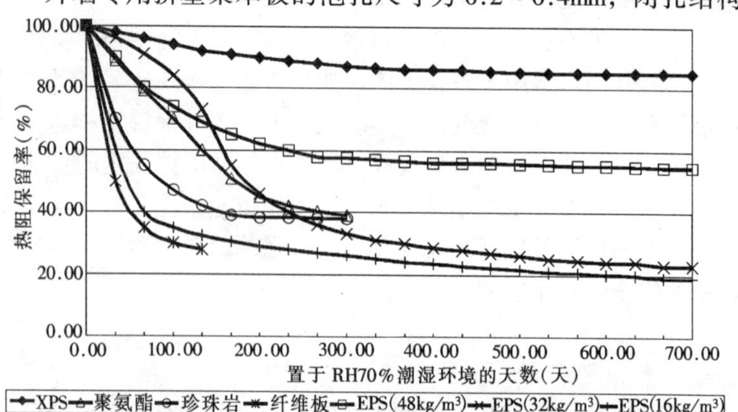

图4.9.2 保温材料在70%相对湿度下的热阻变化曲线

均匀封闭，其抗压强度在 150～250kPa 之间，密度控制在 25～32kg/m^3 以内，以减少温度变形。

2）专用胶粘剂

专用胶粘剂是用于保温板与墙面粘结的胶粘剂，由水泥、细骨料、聚合物改性剂等配制而成的干混砂浆，其性能指标见表 4.9.2-2。

表 4.9.2-2 专用胶粘剂性能指标

试验项目		企业标准	测试结果
拉伸粘结强度，MPa（与水泥砂浆）	原强度	≥0.70	1.44
	耐水	≥0.50	1.25
拉伸粘结强度，MPa（与挤塑聚苯板）	原强度	≥0.25，破坏界面在挤塑聚苯板上	0.36，挤塑聚苯板破坏
	耐水	≥0.25，破坏界面在挤塑聚苯板上	0.36，挤塑聚苯板破坏
可操作时间，h		1.5～4.0	2.0

3）面层聚合物砂浆

面层聚合物砂浆用于保温板面层的防护砂浆，是由水泥、细骨料、聚合物改性剂等在工厂配制而成的干混砂浆，起保护保温层耐冲击和防开裂的作用，其性能指标见表 4.9.2-3。

表 4.9.2-3 面层聚合物砂浆性能指标

试验项目		企业标准	测试结果
拉伸粘结强度 MPa（与挤塑聚苯板）	原强度	≥0.25，破坏界面在挤塑聚苯板上	0.37，挤塑聚苯板破坏
	耐水	≥0.25，破坏界面在挤塑聚苯板上	0.36，挤塑聚苯板破坏
	耐冻融	≥0.20，破坏界面在挤塑聚苯板上	0.36，挤塑聚苯板破坏
柔韧性（压折比）		≤3.0	2.8
可操作时间，h		1.5～4.0	2

4）耐碱玻纤网格布

耐碱玻纤网格布由耐碱玻璃纤维编织而成，并采用抗碱高分子化合物涂塑，使其拥有双重耐碱性能，以提高在碱性环境下的耐久性和抗裂性，与聚合物砂浆复合起到加强防护作用，其性能见表4.9.2-4。

表4.9.2-4 网格布性能指标

试验项目	企标指标	测试结果
网眼尺寸	4～6	4×4
单位面积质量，g/m^2	≥160	172
耐碱断裂强力（经、纬向），N/50mm	≥800	1062（径向） 914（纬向）
耐碱断裂强力保留率（经、纬向），%	≥60	74.9（径向） 71.7（纬向）
断裂应变（经、纬向），%	≤5.0	4.3（径向） 3.6（纬向）

5）专用固定件（专利号：01237844.5）

外墙外保温系统采用粘钉结合的固定方式，并且根据使用高度的不同采用不同数量的固定件。其指标见表4.9.2-5。

该固定件采用工程塑料制作，尾部有设计独特的回拧锚固机构，适用于不同的基层墙体，同时为减少冷桥，锚固件的设计和用材均采取了相应措施。

表4.9.2-5 固定件的性能指标

测试项目		企业标准	实测值
拉拔力，kN	C20混凝土墙体	≥0.80	≥1.2
	烧结实心砖墙体	≥0.64	≥1.0
	多孔砖墙体	≥0.64	≥1.0
	陶粒混凝土砌块墙体	≥0.64	≥0.90
	混凝土空心砌块墙体	≥0.64	≥0.80
单个固定件对系统传热增加值（W/K）		≤0.004	≤0.003

6）界面剂

专用外墙保温体系界面剂是丙烯酸类为主、含有多种有机组分的水溶性乳液。该界面剂的主要作用是改善挤塑板与聚合物砂浆粘结表面的性能，以提高两者之间的粘结强度（表 4.9.2-6）。

表 4.9.2-6　界面剂的性能指标

项　目	企 标 指 标
外　观	色泽均匀，无沉淀
固含量，%（m/m）	≥25
pH 值	6~7
破坏形式	挤塑聚苯板内破坏

4.9.3 构造和施工要求

4.9.3.1　构造

图 4.9.3-1 是以外墙专用挤塑板为保温材料，采用粘钉结合方式将挤塑板固定在墙体的外表面上，聚合物砂浆做防护层，以

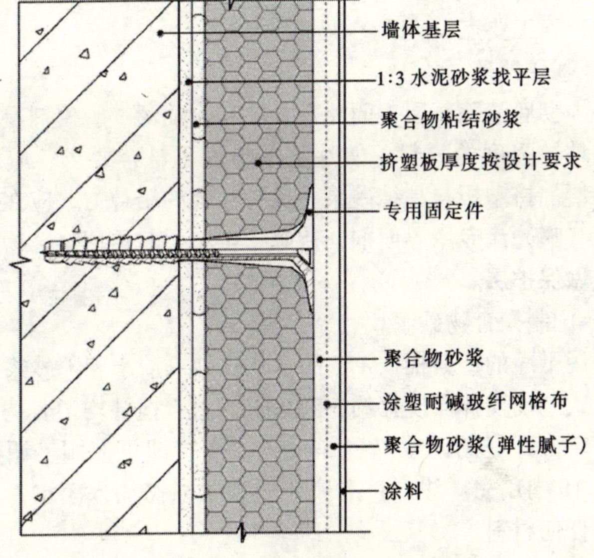

图 4.9.3-1　外墙外保温基本构造图

涂塑耐碱玻纤网格布为增强层，外饰面为水溶性弹性涂料的墙外保温系统基本构造图。

4.9.3.2 施工

（1）施工条件

1）待基层墙面抹完水泥砂浆找平层，并已干燥经验收合格，门窗框、各种管线、预埋件、预留孔洞、支架已安装到位后，再进行外保温施工。

2）施工现场环境温度在施工及施工后不得低于 5℃，风力不大于 5 级。

3）为保证施工质量，施工面应避免阳光直射。必要时应在脚手架上搭设防晒布，遮挡墙面。

4）雨天施工时应采取有效措施，防止雨水冲刷墙面。

5）墙体系统在施工过程中所采取的保护措施，应待泛水、密封膏等永久保护按设计要求施工完毕后方可拆除。

（2）施工程序

本系统施工流程见图 4.9.3-2。

（3）施工要点

1）基层处理

必须彻底清除基层表面浮灰、涂料、油污、脱模剂及风化物等影响粘结强度的材料。如基层平整度不符合要求，应做找平层。为增加挤塑板与粘结砂浆及保护面层的结合力，应在挤塑板表面滚（喷）涂专用界面剂，待晾干至粘手时再用聚合物砂浆做粘结或做保护层。

2）调制聚合物砂浆

使用干净的塑料桶按 1:5 的水灰比加入清水和干砂浆，然后用手持式电动搅拌器搅拌约 5 ~ 10min，直至搅拌均匀、稠度适中为止。应将配好的砂浆静置 5min，再搅拌即可使用。调好的砂浆宜在 1h 内用完。注意：本聚合物砂浆只需加入净水，不能加入其他任何材料。

3）安装挤塑板

基层处理
刷界面剂一道
配专用粘结砂浆
预粘板边翻包网格
粘贴挤塑板
钻孔及安装固定
挤塑板打磨、清洁
刷界面剂一道
配聚合物砂浆
抹聚合物砂浆
埋贴网格布
抹聚合物砂浆、验收
（弹性腻子）
填背衬、密封膏
配饰面材料
配专用胶粘剂
喷、涂面层涂料
清理饰面层

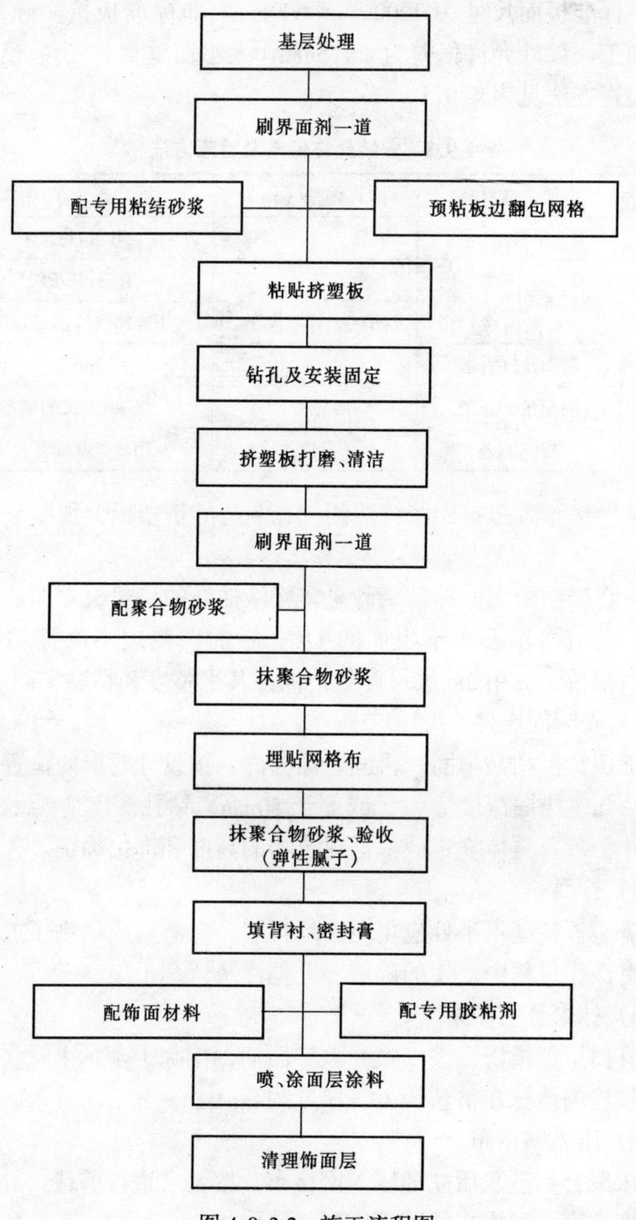

图 4.9.3-2 施工流程图

●标准板面尺寸为1200mm×600mm。非标准板按实际需要进行加工。尺寸允许偏差为±1.5mm，大小面垂直。安装允许偏差及检查方法见表4.9.3。

表4.9.3 安装允许偏差及检查方法

项次	项目		允许偏差（mm）	检查方法
1	平整度		3	用2m靠尺
2	垂直度	每层	5	用2m托板线
		全高	H/1000，且不大于20	用经纬仪或吊线和尺
3	阴阳角垂直度		2	用2m靠尺
4	阴阳角方正度		2	用200mm方尺和楔形尺
5	接缝偏差		1	用直尺和楔形尺

●网格布翻包：膨胀缝两侧、孔洞边的挤塑板上预贴窄幅网格布。

●在挤塑板上涂抹粘结砂浆，将涂抹好的挤塑板立即贴在墙面上，粘结面积不小于板面的1/3，板的四侧边不涂抹粘结砂浆。粘结后，应用2m靠尺度量，保证其平整度和粘贴牢固。

4）安装固定件

待挤塑板粘贴牢固，再固定锚固件，按设计要求的位置用冲击钻钻孔。锚固深度应大于或等于50mm，钻孔深度应为60mm。固定件个数及具体规定应根据建筑物的高度和部位确定。

5）打磨

挤塑板接缝不平处应用粗砂纸打磨，打磨后应用刷子或压缩空气将操作过程中产生的碎屑、其他浮灰清理干净。

6）抹聚合物砂浆

清扫挤塑板面，滚（喷）涂界面剂，待晾干至粘手时将聚合物砂浆均匀地抹在挤塑板上，厚度约2mm。

7）压入网格布

抹聚合物砂浆后立即压入网格布，按要求进行剪裁，并应留出搭接长度。网格布的剪裁应顺经纬向进行。

8）抹聚合物砂浆（压平）

抹完砂浆后，压入网格布后待砂浆干至不粘手时，抹面层聚合物砂浆，厚度以盖住网格布为准，约1mm，使砂浆保护层总厚度约（2.5±0.5）mm。首层墙面为提高其抗冲击能力应辅加一层网格布。

9）补洞和对墙面损坏处的修理

保温层部分应采用与保温层相同材料及时对孔洞及损坏处进行修补。

10）变形缝的处理

在变形缝处填塞发泡聚乙烯圆棒，其直径应为变形缝宽的1.3倍，然后分两次勾填嵌缝膏，深度为缝宽的50%～70%。

4.9.4 总结

实施建筑节能，在外围护结构设置高效保温隔热性材料是有效措施之一。外围护结构包括外墙、屋面、外窗、地面等，其中，科学合理地提高外墙的保温隔热性能尤其重要。我国通过十多年对外墙外保温技术的研究、工程和实践，取得了显著的成果。各种外墙保温技术体系的应用研究也越来越为人们所重视，在外墙保温系统中应用挤塑型聚苯板这种性能耐久、高效的保温绝热材料是目前建筑节能的较佳选择。